최준식 교수의
서울문화지

II

동東북촌
이야기

최준식 지음

최준식 교수의
서울문화지

II

동東북촌
이야기

최준식 지음

주류성

목차

저자 서문

서울에 대해 이야기하다 "북촌 가 봤어요?" 하고 물어보면 사람들은 대부분 그렇다고 말한다. 그래서 그들은 자신들이 북촌을 조금은 안다고 생각한다. 그런 사람들을 데리고 북촌에 가서 짧은 답사라도 시켜주면 깜짝 놀란다. 이곳에 이렇게 이야기 거리가 많으냐고 하면서 말이다. 그들이 북촌을 다녔다고는 하지만 간 곳은 카페나 음식점뿐이라 북촌의 진짜 모습은 알지 못한다.

이 책은 대체로 두 부류의 사람들을 위한 것이다. 지금 본 것처럼 북촌을 다녀보기는 했지만 그 깊숙한 속으로는 가보지 않은 사람들이 첫 번째 대상이겠다. 이런 사람에게 이 책은 북촌을 새롭게 알게 해주는 역할을 할 것이다. 그 다음 대상은 북촌을 전혀 모르는 사람들이 되겠다. 북촌을 가보고 싶은데 어떤 안내서를 갖고 가면 좋을까 하고 고심하는 사람들에게 이 책은 도움이 될 것이다.

이 책은 전작(前作)인 『익선동 이야기』에 이어 "서울문

화지" 시리즈의 두 번째 책이다. 전작에서 이미 밝혔지만
이 책은 내가 우리 과(이화여대 한국학과) 수업에서 학생
들과 같이 서울 시내를 답사한 것을 기초로 집필한 것이
다. 나는 그때 서울 시내 전 지역을 답사하려고 했는데 지
금 말한 익선동과 북촌을 돌다 그만 학기가 끝나고 말았
다. 원래는 서촌은 물론 창신동, 내사산(內四山) 등이 모두
답사 대상에 포함되어 있었는데 꼼꼼히 하다 보니 이 두
지역밖에 다니지 못한 것이다.

게다가 북촌은 광활하기까지 해서 북촌 전체를 한 번에
보는 일이 가능하지 않다. 내가 많은 기회에 밝혔지만 답
사란 2시간 내지 2시간 반이 지나면 힘이 들어 더 이상 진
행하기가 곤란해진다. 몸이 피곤해져 다리는 말할 것도 없
고 허리까지 아파오기 때문이다. 그런데 북촌은 이 시간으
로는 전체를 다 '카바'할 수 없다. 너무 넓고 이야기 거리
가 무진(無盡)해 그렇다.

그래서 나는 북촌을 둘로 나누어 동과 서로 보기로 했
다. 이 책은 그 가운데 첫 번째인 동東북촌에 대한 것이다.
동 북촌은 북촌을 가로지르는 길인 북촌로를 중심으로 그
길에서 창덕궁까지의 지역을 말한다. 사람들이 북촌을 다

닌다고 할 때 그들은 보통 북촌한옥길이 있는 서西북촌 쪽을 많이 간다. 북촌을 방문하는 관광객들도 모두 서 북촌으로 가지 이쪽으로는 오지 않는다. 그래서 사람들은 이 지역에 얼마나 깊은 역사가 서려 있고 이야기 거리가 많은지 잘 모른다.

이번에 학생들과 이 지역을 심층답사를 하면서 이전에는 접하지 못했던 많은 것을 알아냈다. 그래서 이 책을 읽어보면 독자들도 '아니 여기에 이런 곳이 있었나?' 하고 놀랄 것이다. 독자들의 구미를 당기기 위해 아주 작은 예를 들어 보면 원파구거(원파 선생의 고택), 수백 평이나 되는 친일파 한 씨 가옥 등이 그런 예에 속할 것이다.

이곳에 이런 집들이 있다는 것도 생소하겠지만 같은 이유로 독자들은 이 집들에 대한 사진은 더 더욱이 본 일이 없을 것이다. 이런 곳에 대한 사진은 공식적인 사이트는 물론이고 불로그 어디에도 없는 것 같다. 이러한 사정이 당연한 이유는 이런 집들은 공개하지 않기 때문이다. 사진이 간혹 있다 하더라도 문화재청 같은 데에서 제공하는 도식적인 사진이어서 우리는 그런 사진에 그다지 흥미를 느끼지 못한다. 그런데 이번에 우리는 심층으로 답사하면서 이런 가옥의 내부를 사진 찍는 데에 성공했다.

이 일이 성공할 수 있었던 이유는 아주 간단하다. 답사를 여러 차례 갔기 때문이다. 자꾸 가다 보면 대상을 어떻게 접근할 수 있는지 그 방법이 보이기 시작한다. 예를 들어, 한 씨 가옥은 항상 닫혀 있어 그 내부를 절대로 볼 수 없다. 그러나 우리는 여러 번 답사한 끝에 기어코 그것을 찍을 수 있는 지점을 발견했다. 그런가 하면 원파 고택은 답사 간 날 마침 내부 수리를 하고 있어서 대문이 열려 있었다. 그래서 실례를 무릅쓰고 살짝 안으로 들어가 내부를 촬영했다. 이런 것은 우리가 그만큼 답사지에 시간을 들였기 때문에 가능한 일일 것이다.

끝으로 감사의 말씀이다. 당연히 이 책을 출간한 출판사에 일차 감사를 드려야겠다. 좋은 사진까지 찍어주어 더 고맙다. 그리고 한 학기 동안 같이 답사를 하면서 좋은 자료와 많은 정보를 찾아다 준 이진아, 전경선, 김효진, 원소희 씨 등에게도 감사드리지 않을 수 없다, 이 가운데 전경선 씨는 내 원고를 꼼꼼히 훑어보면서 틀린 점이나 보충할 점을 지적해주었다. 그에게 이 귀찮은 일을 맡긴 것은 세미나 할 때 그가 이 지역에 대한 발제를 맡았기 때문이었다. 지면을 통해 다시 한 번 씨에게 감사드린다.

사실 이 서문을 쓰기 며칠 전(정확히 말하면 2018년 5월 22일)에 이 지역에 갈 일이 있어 북촌문화센터를 들렀더니 그새 또 변화가 있었다. 원래 있던 한옥 뒤로 담을 터서 새 한옥을 개수해 편입시킨 것이다. 이곳은 갈 때 마다 변화가 있어 심심하지 않다. 독자들도 새로운 변화가 생기기 전에 이 책을 들고 답사를 떠나면 어떨까 하는 생각이다.

2018년 초여름에
지은이 삼가 씀

최준식 교수의
서울문화지

II

동東 북촌
이야기

서
설

동東 북촌이란 어디를 말하는 것인가?

우리는 이제 북촌 순례를 떠난다. 그런데 왜 동 북촌일
까? 원래 북촌에는 동서가 없다. 그저 북촌이었다. 그러나
북촌을 샅샅이 답사해보니 이 한옥 마을은 한 덩이로 다루
기에 너무 컸다. 이미 이 지역에 대해 책을 낸 나도 북촌에
이렇게 보아야 할 데가 많은 줄 몰랐다. 나는 약 10년 전
쯤 『서울문화순례』(소나무, 2009)라는 책을 내면서 한 장을
할애해 북촌을 다룬 적이 있다. 나는 당시에 북촌 일대를
많이 답사했기에 내가 북촌을 잘 안다고 생각했다. 그러나
그것은 착각이었다. 이것이 착각인 줄 알게 된 것은 대학
원 세미나 수업을 하면서 북촌을 샅샅이 뒤진 덕분이었다.
  나는 앞서 출간한 『익선동 이야기』에서 말한 것처럼

2016년 2학기에 대학원 세미나의 한 과목을 서울의 역사 지역을 답사하는 것으로 잡았다. 그 세미나의 목적은 익선동이나 북촌, 서촌 같은 서울의 유적지 동네를 심층적으로 보자는 것이었다. 심층적으로 보자 함은 외부인의 입장이 아니라 가능한 대로 그곳에 거하는 현지인의 입장으로 보자는 것이었다. 그러기 위해서는 현지인과 대화하는 게 중요해 현지인과 접촉하는 기회를 많이 가지려 했다. 그렇게 해서 한 학기를 해보니 원래 계획한 진도를 나가지 못하고 한 학기를 다 보냈다.

원래는 서촌이나 인왕산 등지도 답사하려 했는데 익선동과 북촌에서 끝나고 만 것이다. 기존의 안내 책자나 단행본에 나와 있는 것들을 넘어서 심층적으로 이 지역을 파다보니 생각보다 시간이 많이 걸려 두 지역을 답사하는 것으로 끝난 것이다. 그런 끝에 나는 내가 그동안 북촌을 피상적으로만 알고 있었다는 것을 절감하게 되었다. 골목골목을 다 들어가서 조사해보니 모르는 곳이 많았고 이야기할 거리도 많았다. 또 내가 이 지역에 대해 쓴 게 10년 전의 일이니 그동안 많은 변화가 있었음을 알 수 있었다. 따라서 이번 책에는 이미 출간한 책에 포함되지 않은 것들이 아주 많다. 그럴 수밖에 없는 것이 지난 번 책은 북촌을 한 장으로만 다루었지만 이번 책에서는 아예 한 권으로 다루었으니 말이다. 게다가 이 책은 북촌을 다 다룬 것이 아니라 반만 다루었으니 다루는 정보의 양도 지난 번 책에 나온 설명과는 비교가 되지 않을 것이다. 어떻든 이렇게 자료가 많이 늘어나니 북촌을 한 덩어리로 한 번에 보는 것은 온당치 않다는 것을 알게 되었다.

원래 이전에도 북촌을 한 번에 답사하는 것은 무리였다. 보통 한 번 답사할 수 있는 시간을 2시간 내지 2시간 반 정도로 잡는데 그 이유는 2시간 반 정도가 지나면 힘들어서 다닐 수 없는 지경이 되기 때문이다. 내가 20~30대라면 그까짓 것 네댓 시간도 돌아다닐 테지만 이제는 2시간 반이면 다리, 허리가 다 아프기 때문에 그렇게 오래 다닐 수 없다. 나이가 아무리 숫자라고 해도 60이 넘은 몸은 확실히 이전과 다르다. 이 북촌은 전 지역을 다 보고 충분한 설명을 들으려면 간단하게만 보려 해도 보통 4시간 정도의 시간이 걸린다. 그 정도의 시간이 걸리니 북촌을 한 번에 답사하는 것은 불가능한 일인 것이다. 따라서 4시간짜리 코스를 완파하려면 두 번에 나누어서 할 수밖에 없다.

그래서 나는 고육지책으로 북촌을 동과 서로 나누어서 보기로 했다. 그래서 나온 게 이른바 동(東) 북촌이고 서(西) 북촌이다. 무엇을 가지고 동서로 나눌 수 있을까? 나는 간단하게 안국역 사거리에서 헌법재판소로 올라가는 길(북촌로)을 중심으로 동서로 나누었다. 이렇게 나누었으니 우리가 이 책에서 보게 될 동 북촌은 안국 지하철 역 2, 3번 출입구부터 창덕궁에 이르는 지역을 지칭하는 것이 될 것이다. 그런데 이렇게 나누어서 보지만 동쪽이든 서쪽이든 한 지역을 보는 데에는 2시간 반도 부족할 지경이다.

물론 시간은 조절할 수 있다. 중요하지 않게 생각되는 것은 건너뛸 수 있기 때문이다. 그러나 이 책에서는 가능한 한 상세한 정보를 제공하려 한다. 그 정보를 가지고 독자들은 자신들의 답사 일정을 짜면 될 것이다. 이런 생각을 갖고 이제 동 북촌을 찾아 답사를 떠나보는데 아직도 내가 놓친 이야기들이 있을 것 같아 여간 걱정되는 게 아니다.

북촌에 대한 가장 기본적인 정보에 대해

동 북촌 지역을 답사하려고 할 때에 우리는 보통 안국역 3번 출입구에서 만난다. 그런데 그 코스를 짜는 일이 쉽지 않다. 일일이 다 보려면 갔던 길을 다시 와야 하는 일이 발생하기 때문이다. 그렇게 중복되는 것을 최소한으로 줄여 학생들과 함께 코스를 한 번 짜보았다. 그런데 동 북촌을 답사하기 앞서 북촌이 어떤 곳인지 알고 가야 할 것이다. 사실 지금 여기에서 북촌에 대해 기본적인 정보를 주는 것은 그다지 의미가 없다. 요즘은 세상이 좋아져서(?) 전화기한 번 두드리면 알고 싶은 정보가 모두 나오기 때문이다. 그러나 그렇다고 해서 기본적인 정보에 대해 아무 설명도 없이 그대로 답사를 가는 것은 바람직하지 않다. 여기서는 북촌에 대해 가장 기본적인 정보를 제공하겠지만 기존의 설명에는 없거나 불충분한 것들을 보강하면서 적절한 정보를 제시할까 한다.

이처럼 북촌에 대한 기본적인 정보를 나누려할 때 그 설명 장소로 가장 좋은 곳은 북촌문화센터이다. 이곳은 현대건설사옥 옆 골목으로 들어가면 만날 수 있는데 여기에 가면 북촌의 역사를 일목요연하게 볼 수 있어 좋다. 그런데 그곳에서 시작하면 답사 코스가 꼬이게 된다. 현대건설 사옥 터의 역사나 관천대, 그리고 공간사 옛 사옥 등을 다 놓치기 때문이다. 그래서 그곳은 조금 있다 가기로 하고 일단 현대건설 사옥 앞으로 자리를 옮겨 북촌에 대해 잠시 알아보자. 역 앞에서 설명할 수도 있지만 그곳은 번잡하고 시끄러워 설명하기에 적합하지 않다. 대신 우리는 어차피 현대건설 사옥 앞에서 이번 답사를 시작할 것이니 그리로 가서 설명을 하도록 하자.

그곳은 상대적으로 넓고 조용해 충분히 대화를 나눌 수 있다.

북촌에 양반집이 많다고?　북촌이라는 지역이 어떤 곳을 말하는지는 너무도 잘 알려진 터라 여기서 다시 되뇔 필요 없을 것이다. 동서로는 창덕궁과 경복궁 사이이고 남북으로는 종로의 북쪽 동네를 이르는 것이니 말이다. 그리고 이곳에는 조선 조 때 고관대작들이 많이 살아 황현의 『매천야록』 같은 책을 보면 이 지역에는 특히 권력을 잡은 노론 계통의 지배층이 살았다는 기록이 나온다. 그러나 이곳에 옛날에 고관대작이 살았다는 것은 이 지역을 설명해주는 좋은 정보가 아니다. 왜냐하면 그들이 살았던 집은 거의 남아 있지 않기 때문이다. 그런데 북촌에 대한 안내 책자를 보면 대부분 이렇게 설명되어 있다. 설명이 잘못된 것이다. 옛날에는 그랬겠지만 지금은 아니다. 그런데 사람들은 그런 정보를 갖고 북촌을 돌아다니면서도 이 정보가 잘못 되었다는 것을 알아채지 못한다. 그 설명은 어떻게 잘못된 것일까?

북촌(그리고 서촌, 익선동)을 다녀보면 대부분의 한옥들이 매우 작은 것을 알 수 있다. 그렇다면 이것을 보고 우리는 이런 질문을 던져야 한다. 과연 고관대작의 집이 이렇게 작았을까 하는 의문 말이다. 이런 집은 절대로 높은 관리들이 살던 집이 아니다. 그렇지 않겠는가? 고관이 어떻게 이렇게 작은 집에서 살았겠는가? 지금 북촌에 있는 집 가운데 고관대작이 살았던 집은 윤보선 고택이나 백인제 가옥 정도뿐이다. 그런데 백인제 가옥은 조선의 고관들이 살았던 집이 아니니 윤보선 고택만이 고관의 집이 되겠다. 그럼 이 작은 집들은 어떻게 해서 생긴 것일까?

여기서 우리는 반드시 정세권이라는 이름을 거론해야 한다. 북촌에 있는 작은 집들은 거개가 이 정세권 선생이 지었기 때문이다. 시기는 1930년대이다. 정세권에 대해서는 익선동을 다룬 앞 책에서 자세하게 다루었으니 여기서 다시 다룰 필요 없겠다. 그는 일제기에 대단한 족적을 남긴 분인데 이상하게도 우리 후손들은 그를 잘 기억하지 못한다. 조선물산장려 운동이나 조선어학회 같은 일제기의 대표적인 문화독립 운동들은 정세권의 도움이 아니었으면 굴러가지 못했다. 그런데 사람들이 이 운동이나 학회에 대해서는 다 알고 있지만 정세권을 아는 사람은 소수이다. 또 그가 1930년대에 북촌에 이런 한옥 단지를 만들지 않았다면 지금 북촌에는 양옥들만 판쳤을 턴데 사람들은 그의 공로에 대해 거론하지 않는다. 그에 대한 이야기는 극히 최근에 김경민 교수 같은 소수의 학자들에 의해 알려지

고 있을 뿐이다.[1]

정세권, 북촌 개발자 이 책을 처음 보는 사람들을 위해 정세권이 한 일에 대해 아주 간략하게 보자. 그는 한국 최초의 '디벨로퍼(developer)'로 알려져 있다. 지금 말로 하면 '부동산 개발업자' 혹은 '건설업자'라고 할 수 있을 게다. 쉽게 말해 땅을 사서 집을 짓고 그 집을 분양까지 하는 업자라는 것이다. 그는 이를 위해 1920년에 "건양사"라는 회사를 설립해 조선 사람들에게 위생적이고 살기에 편리한 집을 지어 분양했다. 그는 돈 버는 것이 목적이 아니라 낙후된 조선의 집을 개량하여 사람들의 생활을 윤택하게 하고 싶어 했다. 그래서 이 북촌뿐만 아니라 서촌, 익선동, 왕십리, 휘경동, 충정로, 창신동 등지에 개량한 작은 한옥을 지어 팔았다. 그가 얼마나 많은 한옥을 지었는지는 김경민 교수의 연구[2]에 나온다. 1929년에 정세권이 지은 한옥이 그 해 지어진 전체 한옥 가운데 15~20%를 차지했다고 하니 말이다.

그가 북촌에 한옥 단지를 만든 것은 1930년대 초반인데

1) 김경민(2017), 『건축왕, 경성을 만들다』, 이마.

2) 김경민, "그는 어떻게 10년 만에 부동산 재벌이 되었나?" 프레시안 2015년 9월 30일 자 기사.

1956년(단기 4289년) 십일회 기념 사진(앞줄 왼쪽에서 두 번째가 정세권 선생)
- 한글학회 제공

그 이유가 상인답지 않다. 당시 상황을 아주 간단하게 보면, 총독부가 조선에 회사 만드는 까다로운 조건을 철폐하자 일본인들이 몰려들기 시작했다. 그때 그들은 주로 명동이나 남촌 등지에 둥지를 틀고 있었는데 살 곳이 부족해지자 북촌 지역을 넘보기 시작했다. 종로 북쪽은 그래도 조선인들이 자리를 잡고 있었는데 일본인들이 몰려오니 이 지역을 빼앗길 판이었다. 당시는 조선인들도 일자리를 찾아 서울(경성)로 몰려들고 있어 그들도 집이 부족했다. 이러한 상황에 위기를 느낀 정세권은 북촌이나 서촌, 익선동

동(東)북촌 전경

등지에 작은 한옥을 지어 조선 사람들에게 분양하는 계획을 세웠다. 이 지역의 한옥 단지는 이처럼 그의 애국심에서 나온 것이다. 그래서 상인답지 않은 이유로 이 단지를 만들었다고 한 것이다.

그는 사람들이 부담을 느끼지 않고 집을 사게 하기 위해 집을 작게 지었다. 원래 이 지역에는 앞에서 말한 대로 큰 집들이 있었는데 그것을 부순 다음 대지를 잘게 나누어 작은 한옥을 지은 것이다. 그래야 형편이 좋지 않은 사람들도 집을 구입할 수 있다고 생각했기 때문이다. 그런데 그는 옛 한옥을 그대로 베껴서 짓지 않았다. 그의 눈에는 옛 한옥이 여러 면에서 문제가 많게 보였다. 그래서 그는 상당한 개혁을 꾀하는데, 예를 들어 수도와 전기를 집으로 들여오고 행랑방이나 장독대, 창고의 위치도 효율적으로 배치했다. 그리고 대청에 유리문을 달아 추울 때에도 사용할 수 있게 하고 처마에는 함석 챙을 달아 우천 시 비를 효과적으로 막을 수 있는 방법을 강구해냈다.[3] 이러한 개량은 당시에 많은 비난을 받았다고 한다. 그러나 지금의 입장에서 보면 올바른 개량이었다는 것이 건축가들의 중론

3) 김경민, "서울 최고의 한옥 지구를 만든 그는 왜 잊혔나." 프레시안 2013년 6월 26일 기사

이다.

그런데 안타까운 것은 지금 북촌에 있는 한옥들을 보면 정세권이 만든 한옥의 원형을 유지하고 있는 집이 거의 없다는 것이다. 거기 사는 사람들이 그동안 계속해서 변형을 가해서 원형의 모습을 찾기 어렵게 된 것이다. 실제로 북촌에 가 보면 온전하게 옛 모습을 보지(保持)하고 있는 한옥이 잘 보이지 않는다. 외부는 담에 시멘트를 발라 놓는 등 심하게 왜곡되어 있고 내부는 사는 사람들이 편하게 만들려고 마구 바꾸어 놓았다. 북촌에 있는 한옥 가운데 옛 한옥처럼 깨끗하게 보이는 집은 모두 최근에 개수한 한옥들이다. 이런 집들은 정세권이 만든 한옥과 거리가 멀다. 새로 개수한 이 한옥들은 문제가 많은데 그것은 북촌을 돌 때 보기로 하자.

이렇게 한옥 단지를 만든 그는 평범한 건축업자가 아니었다. 작은 한옥을 지어 재정적으로 풍부하지 못한 사람들에게 집을 제공했지만 역시 집 한 채 값은 서민들에게는 적지 않은 부담이었을 것이다. 그래서 그는 집값을 연 단위나 월 단위로 분할해서 내는 것을 허용했다. 이런 일은 업자가 할 수 있는 일이 아니다. 일을 이런 식으로 처리하는 것은 사회사업가나 하는 일이다. 이 상황이 이해가 안 되면 무대를 현대로 바꿔 생각해보자. 요즈음의 건설회사

를 생각해보자는 것이다. 지금 어떤 건설회사가 집 혹은
아파트를 지어서 사람들에게 판 다음 그 대금을 월이나 년
에 따라 할부로 받겠는가? 건설회사는 건설하는 동안 많
은 돈을 투자했기 때문에 빨리 원금을 받아내야 한다. 그
래야 빚도 갚고 그 다음 사업을 할 수 있다. 따라서 요즘에
는 아파트를 구입하면 그와 동시에 대금이 결재되어야 한
다. 그런데 정세권은 그렇게 하지 않았다. 그래서 그가 대
단하다는 것이다. 그런데도 북촌 설명서에는 정세권에 대
한 이름이 보이지 않는다. 그는 철저하게 잊혀졌다. 다만
익선동에 가면 중앙로 입구에 잠깐 설명해놓았을 뿐이다.
정세권에 대한 자세한 이야기는 이 책의 전(前) 권인 『익선
동 이야기』에서 참고하기 바라고 여기서는 이 정도로 설
명을 마칠까 한다.

지금 우리에게 북촌은 어떤 곳인가

역사는 분명 중요한 것이지만 그에 버금가게 중요한 것
은 현재이다. 그 역사가 현재 우리에게 어떤 의미를 갖는
가가 중요하기 때문이다. 이렇게 생각해볼 때 북촌의 역
사는 당연히 중요한 것이지만 그와 더불어 이 북촌이 현

재 우리에게 갖는 의미도 중요하다. 북촌이 갖는 의미를 한 마디로 하면 현재 한국에 남아 있는 한옥 마을 가운데 가장 큰 곳이라고 할 수 있을 것이다. 여기에 있는 한옥은 그 수가 확실하지 않은데 1천 채부터 1천 4백여 채까지 있다고 하니 어떻든 천 채 이상의 한옥이 있는 것을 알 수 있다. 이 정도면 북촌은 전국에서 가장 규모가 큰 한옥 단지라 할 수 있다.

없어질 뻔한 북촌　이 북촌 한옥마을은 어떻게 만들어진 것일까? 이곳에 오는 사람들은 이 마을이 원형, 그러니까 원래의 모습이 그대로 보존되었을 것이라고 생각하기 쉬운데 그것은 사실이 아니다. 20세기 초까지는 그래도 북촌의 원래 모습이 꽤 남아 있었을 것이다. 그러나 그 뒤에 많은 우여곡절이 있었던 끝에 지금과 같은 모습으로 남게 된다. 이곳도 존폐의 위기가 없었던 것이 아니다. 그러나 이곳은 익선동처럼 한옥을 다 밀어버리고 아파트를 짓겠다는 그런 시도는 없었다. 이곳의 위기는 다른 것에 있었다. 이곳은 1983년에 한옥보존지구로 지정되면서 그대로 보존되는 듯했다. 그러나 개보수나 증축을 마음대로 하지 못한 주민들이 지속적으로 민원을 넣어 1991년에 보존지구에서 해제된다. 그렇지만 10m라는 고도 제한은 계속해서 유지되었는데 이것마저 1994년에 풀리면서 이 마을은 위기를 맞게 된다.

어떤 위기일까? 이곳에 살던 주민들이 집장사에게 집을 팔고 이사 가는 일이 시작된 것이다. 그러면 집장사는 이 한옥을 가지고 어떻게 했을까? 더 멋있는 한옥으로 만들어 팔았을까? 그렇지 않았다. 당시에는 한옥에 대한 로망이 형성되기 전이었다. 사정이 그렇다면 이 업자들이 어떻게 했을까는 쉽게 상상할 수 있다. 한옥 두세 채를 헐고 그곳에 빌라라 불리는 다세대 주택을 짓는 것이다. 그래야 면적 당 돈을 가장 많이 벌 수 있기 때문이다. 그렇게 해서 북촌은 한옥이 헐려나가고 서서히 빌라가 들어서기 시작

창덕궁 옆 빌라 촌

했다. 그 극적인 광경은 이 사진을 보면 알 수 있다. 이 빌라촌은 중앙고등학교에서 창덕궁으로 가는 고개 양쪽으로 있다. 바로 옆에 있는 궁과는 어울리지 않게 을씨년스러운 빌라들이 진을 치고 있다. 이곳에 처음으로 간 사람들은 이곳이 이전부터 온통 빌라촌이었을 것이라고 생각하기 쉽지만 이전에 이곳은 한옥만 있던 곳이었다. 이 작은 고개가 전부 한옥으로 뒤덮여 있었는데 그걸 다 부수고 이 빌라들을 세운 것이다.

북촌 중에서도 서 북촌보다 동 북촌 쪽이 이 한옥 파괴 현상이 더 심하다. 그런데 사람들은 왜 한옥을 팔고 탈출을 시도했을까? 지금 생각하면 이 일이 아주 이상하게 보일 수 있다. 요즘은 한옥에 사는 게 로망처럼 되어 있는데 그때는 왜 집을 못 팔아 안달이었냐는 것이다. 게다가 지금은 한옥 값이 얼마나 비싸졌는가? 한옥은 가지고만 있으면 값이 올라가기 때문에 투자 가치가 있는데 그때는 왜 애써 팔려고 했을까? 이것을 이해하려면 한옥에 대한 로망을 접고 현실을 직시해야 한다. 지금은 한옥에 사는 게 아주 '고급진' 삶처럼 되어 있지만 이전 한옥에 사는 사람들은 그렇지 못했다. 이전 한옥은 한 마디로 아주 살기 힘든 집이었다.

한옥은 살기 불편한 집? 한옥에 대한 이러한 사정을 대충은 짐작하고 있었는데 동 북촌에서 한 주민을 만났을 때 우리는 아주 생생한 이야기를 들었다. 그에 따르면 요즘 사람들은 한옥에 대해 막연한 동경감을 갖고 있는 것 같은데 실제로 사는 사람의 입장에서 보면 그것은 환상에 불과하다는 것이었다. 그가 말하는 한옥살이의 불편함은 한두 가지가 아니었다. 그 가운데 대표적인 것 몇 가지만 보자. 우선 한옥은, 특히 작은 도시 한옥은 여름에는 너무 덥고 겨울에는 너무 춥다. 그 중에서도 특히 추운 게 문제다. 한옥은 문틈이 많이 있어 찬 기운이나 찬 공기가 쉽게 실내로 들어온다. 방과 바깥이 연이어 있어 더욱 그렇다. 방과 바깥 사이에 중간 공간이 없다. 그 사이에 마루가 있지만 이 공간은 그냥 개방되어 있다. 따라서 추울 때 마루는 아무 역할도 못해준다. 날씨가 추우면 마루는 거대한 냉동고가 되는 것이다.

정세권이 이 대청마루에 유리문을 단 것은 추위를 막으려는 심산이었을 것이다. 여기에 유리문을 달면 마루가 일단 실내 공간이 되어 추위를 한 번 거를 수 있다. 그래 봐야 큰 추위는 막을 수 없겠지만 어떻든 마루 공간이 실내가 되어 추운 기운이 방으로 들어가는 것을 조금은 막을 수 있다. 북촌 한옥들을 보면 추위를 막으려고 얼마나 고심했는지 알 수 있다. 바깥벽에다가 시멘트를 거치게 바르거나 타일을 붙인 것이 그것이다. 이것은 찬 기운이 집으로 들어오는 것을 막으려는 시도이다. 이전에 지은 집들을 보면 모두 이렇게 해놓아서 볼썽 사납다. 그런데 한옥은 이런 일을 하는 순간 외관이 엉망으로 된다. 아주 추해지는 것이다. 그럼에도 불구하고 저런 과도한 일을 한 것을 보면 당시에 사람들이 얼마나 추위에 떨었는지 알 수 있다. 이렇게 추운 데에 살고 있는 주민이 아파트를 보면 아파트가 얼마나 따뜻하고 편안하게 보였을까 하는 생각을 지울 수가 없다.

여름에는 더운 것도 문제지만 또 다른 문제 때문에 사

타일이나 시멘트를 바른 한옥 담

는 것이 아주 힘들다. 더운 것은 선풍기를 틀던지 하면 조금은 해결되지만 여름에 사람을 가장 괴롭히는 것은 벌레다. 그 중에서도 모기가 가장 큰 문제다. 여름에는 덥기 때문에 방이 아니라 마루나 중정에서 생활하는 시간이 많은데 이럴 때 모기의 공격을 당해낼 수가 없다. 잘 때도 문제다. 당시 한옥에는 방충망을 설치하지 않아서 모기들이 방안으로 쉽게 들어올 수 있었다. 모기가 방 안에 한 마리라도 있으면 그날 잠은 다 잔 거다. 우리들 모두는 이런 경험이 있지 않은가? 여름 전체를 이렇게 보낸다는 것은 상상조차 하기 힘들다. 또 개미 같은 다른 벌레들도 무더기로 인간과 같이 살게 되는데 이것 역시 인간에게 좋을 리 없다. 이에 비해 아파트는 어떤가? 외부를 완벽하게 차단할 수 있으니 여름에도 조금만 조심하면 모기 한 번 안 물리고 보낼 수 있다. 그렇지 않은가? 아파트는 밀폐된 공간이고 방충망이 완벽하게 갖추어져 있어 모기가 드나들 수 없다. 우리가 주거 공간에서 모기에게서 해방된 것은 이 아파트에서 살면서부터 가능했던 일이 아닌가 싶다.

그 다음에 그가 들었던 한옥의 치명적인 약점은 다소 의외였다. 불이 났을 때 빠져나갈 수가 없다는 것이다. 이유는 간단하다. 한옥은 대부분 나무로 지으니 대문도 나무로 되어 있다. 그런데 불이 났을 때 대문에 불이 붙으면 어떻게 하겠느냐는 것이다. 그렇게 되면 대문을 뚫고 밖으로 탈출하는 일이 쉽지 않다는 것이다. 처음에 이 이야기를 듣고 아주 의외였는데 생각해보면 일리 있는 이야기 같았다. 한옥은 나무라 불이 금방 옮겨 붙는데 대문도 예외가 될 수 없다. 정말로 대문에까지 불이 붙어 밖으로 나갈 수 없게 되면 난감하기 짝이 없을 것이다.

이 이외에도 이곳의 한옥살이가 가진 불편함으로 나는 주차 문제를 들고 싶다. 이 한옥 마을은 차가 보급되지 않았을 때 만들어진 동네이기 때문에 주차에 대한 배려가 일절 없다. 골목길이 좁으니 차 대기가 아주 힘들다. 이전에 자가용이 없던 시절에는 이것이 전혀 문제가 안 되었겠지만 전 세대가 차를 갖게 되자 문제는 달라졌다. 주차할 공간이 터무니없이 부족해졌으니 말이다. 간신히 억지로 주차는 했겠지만 생활이 여간 불편한 게 아니었을 것이다. 그런 상황에서 아파트를 보면 얼마나 부러웠을까? 아파트는 당당하고 편안하게 차를 세우고 바로 집으로 들어갈 수 있으니 아파트가 얼마나 편하게 보였을까 하는 것이다.

두세 번의 큰 변화를 겪은 북촌 이런 등등의 이유로 이곳의 주민들은 하루 빨리 이 동네를 뜨려고 했다. 그런데 마침 동네를 떠날 수 있는 기회가 생겼다. 이전에는 이곳이 한옥보존지구이었기 때문에 집장사들이 관심이 없었다. 그런데 마침 이 제한이 풀리자 집장사들이 이곳에 눈독을 들이기 시작했다. 동네 사람들은 집을 팔고 싶었고 집장사들은 집을 사려고 했으니 양자의 이해가 딱 맞아떨어진 것이다. 그래서 집장사들에 의한 한옥구매가 시작되었다. 그들이 하고자 했던 일은 안 봐도 '비디오'다. 한옥을 무자비하게 헐고 그곳에 일명 빌라라 불리는 다세대주택을 세우는 것이다. 그래야 목돈이 들어온다.

집장사가 시작한 빌라 건축 사업은 1990년 후반기에 많이 일어났던 모양이다. 그런데 그 작업에 제동이 걸렸다. 자꾸 한옥이 헐리고 한옥 마을과 어울리지 않는 이상한 건축물들이 들어오자 2000년대에 시민연대와 서울시가 한옥을 보호하자는 운동 쪽으로 방향을 튼 것이다. 이를 위해 서울시는 정책을 제시했다. 정책이란 대체로 두 가지로 나눌 수 있다. 먼저 주민이 자신이 사는 한옥의 개보수를 원하면 서울시가 지원을 하는 정책이다. 두 번째 정책은 훨씬 더 적극적이다. 서울시가 직접 한옥을 사들여 개수한 다음에 공방이나 게스트하우스로 쓸 수 있게 빌려주는 것이 그것이다. 이 정책은 꽤 성공한 것 같았다. 그 뒤로 북촌에는 개보수하는 집이 많이 생기기 시작했으니 말이다. 시에서 돈을 대준다니 너도나도 이 일을 시작한 것이다.

그런데 결과는 서울시나 시민 단체가 원하는 쪽으로 나오지 않았다. 이 지역이 주목을 받으면서 인기가 올라가자 이곳의 집값이나 땅값이 서서히 올라가기 시작했기 때문이다. 그 다음이 어떻게 진행될지는 명약관화하다. 한옥이 서서히 투자 대상으로 바뀌기 시작한 것이다. 이곳의 한옥은 갖고만 있으면 값이 올라가니 사람들이 너도나도 구입하기 시작했다. 이처럼 외지인들이 이 한옥들을 사게 되니 현지 주민은 많이 소개(疏開)되어 사람이 살지 않는 동네처럼 보이는 경우도 있다. 이런 현상은 서 북촌 쪽이 더 심하다. 이 책에서 보려고 하는 동 북촌은 아직도 현지 주민들이 많이 살고 있다. 그러나 서 북촌 답사를 해보면 현지 주민을 만나기가 힘들다. 북촌 길의 대표 선수라 할 수 있는 북촌한옥길 주변이 특히 그렇다. 밤에 가면 더 하다. 밤에 그 주변을 가면 불이 켜져 있는 집을 발견하기가 힘들다. 게다가 길도 어두워 다니기가 쉽지 않다.

그런데 사람들이 없어 외려 답사하기는 좋다. 그래서 일부러 사람들에게 밤에 답사를 가라고 권하기도 한다. 사는 사람들이 많지 않으니 어떤 때는 흡사 이곳이 영화세트장처럼 느껴지는 때도 있다. 그러나 사정이 어떻든 이곳의 한옥은 시민과 정부의 노력으로 지켜냈다. 여기서 중요한 것은 이곳에 한옥이 있다는 것이다. 물론 주민들이 많이

옛 한옥과 빌라와 개수 한옥이 모여 있는 삼거리

살고 있으면 더 좋겠지만 한옥이 이 만큼이라도 보존되어
있는 것으로 만족해야겠다. 다른 곳의 한옥 마을이 처참히
괴멸될 때 이곳이 건재할 수 있었던 것이 다행인 것이다.
서대문 영천시장 건너편에 있는 교남동 한옥 밀집 지역이
없어진 것과 비교하면 천우신조라고나 할까?

　이렇게 보면 북촌은 최근에 두세 번의 큰 변화를 겪었다
고 할 수 있다. 우선 한옥이 헐려나가던 시기가 첫 번째 변
화를 겪은 시기이다. 그리고 거기에 정체불명의 빌라가 들
어서는 게 두 번째 변화라 하겠다. 세 번째 변화는 빌라 건
축이 정지되고 한옥들이 대규모로 개보수되는 단계이다.
세 번째 변화는 여전히 진행 중인데 이런 변화의 모습을

한 번에 볼 수 있는 곳이 여러 곳 있다. 나는 그 가운데 사진에 나오는 이 지점을 들고 싶다. 여기에는 이 세 단계 때 만들어진 한옥(그리고 빌라)이 다 있기 때문이다. 이곳은 돈미약국에서 북촌한옥길로 가는 길에 있는 삼거리이다. 이곳을 보면 옛 한옥이 있고 그 건너편에 각각 빌라와 개수한 한옥이 있는 것을 알 수 있다. 이곳은 북촌의 약 90년의 역사가 다 들어 있어 아주 재미있는 곳이다(그런데 이 한옥은 꽤 큰 것이라 정세권이 만든 것인지 아닌지 잘 모르겠다).

최준식 교수의
서울문화지

II

동東 북촌
이야기

본설

이제 본격적으로 동 북촌을 답사할까 하는데 이 답사를 위해 나는 학생들과 코스를 짜는 데에 매우 고심을 했다. 이 지역에 있는 유적이나 그 터를 다 볼 수 있는 코스가 나와야 하는데 자칫하면 코스가 중복될 수 있었기 때문이다. 그래서 코스를 짜는 게 힘들었던 것이다. 그렇게 고심한 결과 다음과 같은 코스가 나왔다. 우리는 대체로 이 코스를 따라 갈 예정인데 중간에 작은 유적들이 간혹 포함될 수 있을 것이다.

동 북촌 코스 일람표

현대건설 사옥 → 구 공간 사옥 → 송학선 의거지 → (은덕문화원 →)여운형 집터 → 북촌 문화 센터 → 한옥지원센터 → 진단학회터와 락고재 → 서울시장 공관 → 가회동 한씨 가옥 → 구 정주영 자택 → 가회동 한옥 체험관 →김사용 집터 → 원파 고택과 인촌 고택 → 유심사 터 → 대동세무고등학교 → 배렴가옥 → 석정 보름 우물 → 주문모 신부 있던 곳 → 계동 희망길 → 송진우 집터 → 고희동 가옥 → 빨래터와 창덕궁 선원전 외삼문 → 한샘디자인연구소와 백홍범 가옥 → 궁중음식연구원 → 서울중앙고등학교 → 가회 2동 전망대 → 구(舊) 가회민화박물관

서울중앙
고등학교

창덕궁 선원전

외삼문
빨래터

한샘디자인연구소와
백홍범 가옥
궁중음식연구원

고희동 가옥

송진우 집터

가회 2동 전망대

계동 희망길

구 가회민화박물관

주문모 신부 있던 곳
대동세무
고등학교

석정 보름 우물

가회동 한옥 체험관
유심사 터

배렴 가옥
격외사

구 정주영 자택
인촌고택

김용용 집터
원파고택

가회동 한씨가옥

서울시장 공관

한옥지원센터

진단학회터와 락고재

은덕문화원

재동초등학교

여운형 집터

북촌 문화 센터

현대건설사옥

송학선 의거지

구 공간사옥

③ 3호선 안국역
②   ③
④
⑤
①

동東 북촌 순례를 시작하며

　이 지역을 돌 때 우리는 보통 안국역 3번 출입구에서 만난다. 일본문화원 바로 건너편인데 그곳이 길가라 번잡하기 때문에 사람들을 기다리는 장소로는 그다지 좋지 않다. 이곳이 싫으면 외려 지하철 역 안이 좋을 수 있다. 그 안에는 빵이나 차를 파는 곳이 있어 만남의 장소로는 좋은데 공연히 돈을 써야 하니 마음이 걸린다. 어디서 만나든 우리는 첫 번째 목적지인 현대 사옥 쪽으로 간다.

현대건설 사옥 앞에서

　지하철 역 3번 출입구에서 창덕궁 쪽으로 조금만 가면

현대건설 사옥이 나온다. 여기에 있는 유물은 관상감에 있던 관천대 뿐이지만 이 터에는 유적들과 관련된 이야기가 적지 않다. 이 사옥 터에는 바로 전에는 휘문중고등학교가 있었고 더 전에는 계동궁과 경우궁, 제생원 등이 있었다. 이 건물들에 관해서는 표지석만 있을 뿐이다. 이 지역을 계동이라고 부르는 것은 여기에 계동궁이 있었기 때문일 것이다. 사실 동 북촌 전체에서 이 현대사옥이 차지하는 비중은 거의 없다. 왜냐하면 이 터에는 유적의 실물이 관천대 빼고는 남아 있지 않기 때문이다. 따라서 우리는 아주 간략하게만 이 지역을 보고 지나갈 것이다.

관천대를 보면서 이 지역에서 제일 오래된 유적은 말할 것도 없이 관천대이다. 그리고 보물로도 지정되어 있으니 그 중요도도 알만 하겠다. 이곳에 관상감이 있었다고 하는데 관상감은 지금으로 치면 기상대라 할 수 있겠다. 그러나 이 둘의 기능이 꼭 같은 것은 아니다. 왜냐면 관상감은 별들의 움직임에 대해서까지 기록을 했으니 말이다. 그 정도에 그치지 않는다. 관상감은 더 나아가서 해시계나 물시계 등을 관장하고 책력을 주관하기도 했다 그래서 혹자는 이 관상감을 단순히 현대의 기상대와 같은 것으로 볼 것이 아니라 조선의 '지구과학연구소'라고 불러야 한다고 주장하기도 한다. 일리 있는 의견이다. 이 관천대는 관상감이 14세기 말이나 15세기 초에 세워지고 조금 뒤인 15세기 전반에 만들어졌을 것으로 추정한다.

이런 과거의 천문 관측대에 올 때마다 학생들에게 하는 이야기가 있다. 그것은 경주에 있는 첨성대에 갔을 때에도 마찬가지인데 내가 문제 삼는 것은 이 대의 높이이다. 첨성대도 그렇고 이 관천대도 그렇고 높이가 얼마 안 된다. 물론 지상에서는 꽤 떨어져 있지만 하늘에서 보면 아무 의미 없는 높이일 것이다. 그래서 학생들에게 이런 질문을 던진다. 저 높이라면 그냥 땅 위에서 별을 보는 것과 무엇이 다르겠느냐고 말이다. 과연 저 곳에 올라간다고 밑에서는 잘 안 보이는 별이 보일까? 별 차이가 없을 것 같은데 그런데도 왜 이렇게 별 보는 곳을 높게 만들었을까? 물론 관천대 위에는 별을 관측할 수 있는 혼천의가 놓여 있었을 게다. 그러나 혼천의가 그냥 지상에 있는 것과 저 위의 관천대에 있는 것이 얼마나 차이가 날지 의문이 남는다.

이 질문에 대해서 우리는 답을 하지 못한다. 답을 얻지 못했음에도 불구하고 다른 억측을 해본다. 답을 얻었으면 다른 가능성을 생각하지 않겠지만 답을 모르니 생각이 꼬리를 무는 것이다. 억측이라는 것은 이런 거다. 만일 높이가 그다지 중요한 것이 아니라면 자리가 중요한 것 아닐

관천대

까 하는 것 말이다. 다시 말해 별을 더 잘 볼 수 있는 지점
에 이 대를 설치한 것 아닐까 하는 생각이 드는데 이 의문
에 대해서도 나는 아직 답을 얻지 못했다. 단지 십수 년 전
에 어떤 공대 교수가 이 문제에 대해 했던 말이 생각날 뿐
이다. 이 사람은 첨성대에 대해서 발언을 했는데 그도 나

와 같은 의문을 갖고 있었다. 그는 이 의문을 풀기 위해서는 말로만 떠들지 말고 첨성대 옆에다 텐트를 쳐놓고 1년 동안 별을 관찰해보라는 제안을 했다. 그러면 왜 첨성대를 그 지점에 만들었는지 알 수 있게 된다는 것이다. 대단히 좋은 제안인데 나는 아직도 누가 그런 일을 했다는 소식을 들어보지 못했다.

보통은 이 같은 질문만 던지고 이 관천대에 올라가지 않고 다음 장소로 향하곤 했다. 이 유적이 현대 사옥 앞마당에 있어 선뜻 들어가기가 주저되었기 때문이다. 그러나 이번에는 수업이라 까짓 것 하고 들어갔더니 현대 직원이 와서 어디 가느냐고 물었다. 그래 관천대에 가다고 하니까 아무 제지 없이 선선히 보내주었다. 처음으로 이 관천대에 근접한 것인데 나는 관천대에 올라갈 수 있으리라고는 생각하지 않았다. 그런데 막상 가보니 올라갈 수 있게 계단이 있었다. 그렇다면 안 올라갈 수 없는 법. 학생들을 독려하면서 같이 올라가 보았더니 밑에서 보던 것과는 영 딴판이었다. 이 돌들은 약 600년 전의 것일 수 있지만 그 사이에 어떤 변화가 있었는지 모르니 정확한 것은 모른다. 어떻든 이 돌들을 보면 연륜이 묻어난다. 이런 돌들은 보기만 해도 좋은데 만져보면 더 더욱 좋다. 한 면을 보니 계단이 있던 자리에 선명한 자국이 나 있었다. 그 계단을 밟

가까이에서 본 관천대(계단을 놓은 자국이 보인다)

고 올라가 별을 관측한 것일 게다. 그 계단 자국은 지금도
인상적으로 남아 있다. 독자들께 권하건대 이곳을 오면 반
드시 대 위로 올라가서 보면 좋겠다.

   이 지역의 옛이야기들   이 지역과 관계된 이야기가 꽤 많
던데 그다지 중요한 것은 아니니 아주 간단하게만 보자.
별로 중요하지 않다고 한 것은 이 이야기들과 관계된 유적
이 하나도 남아 있지 않기 때문이다. 이전에 있던 집들이
흔적도 없이 사라졌다. 우선 19세기 전반에 순조의 생모인
수빈(綏嬪) 박 씨라는 사람을 모신 사당이 이 지역에 들어
섰다. 이 사당은 이름하여 경우궁. 박 씨는 정조의 후궁이

었는데 왕을 생산했지만 정실부인이 아니기 때문에 종묘에는 들어갈 수 없었다. 그러나 조선 왕실의 입장에서 왕을 생산했지만 정실이 아닌 사람에 대한 제사를 거를 수 없는 일이었을 것이다. 그래서 이런 분들을 제사 드리는 사당이 생겨 이 수빈 박 씨도 그런 예 중의 하나였다. 이런 사람이 조선을 통틀어 7명인데 처음에는 이렇게 따로 사당을 세웠다가 나중에는 한 데로 모으게 된다. 이런 분들의 사당을 모아 놓은 곳이 청와대 서편에 연해 있는 칠궁이라는 사실은 이제 꽤 잘 알려져 있다. 7명을 모셨기에 칠궁(七宮)이라고 하는 것이다. 이 경우궁은 20세기 초(1908년)에 칠궁으로 옮겨졌다.

이 경우궁의 남쪽에는 계동궁이 있었다고 한다. 이 궁은 고종의 사촌형이자 대원군의 조카인 이재원이라는 사람의 집이었다. 그런데 여기에 이런 집이 있었다는 것이 중요한 것이 아니라 이 두 궁이 갑신정변과 관계되니 중요도가 부각된다. 1884년 정변이 났을 때 고종은 개화당에 이끌려 일단은 경우궁으로 피신했다고 한다. 개화당 사람들은 이 경우궁이 고종 부부를 방어하기에 좋다고 생각해 이곳으로 데리고 온 것이라고 한다. 그리고 그들은 그곳에서 수구파 대신들을 잡아다 죽였다고 한다. 고종은 당연히 이런 좁은 곳에 있기를 거부했다. 그가 계속해서 창덕궁으로 돌아가겠다고 주장해 이 계동궁으로 옮겨가게 된다. 이곳은 경우궁보다 더 협소했지만 규모 자체가 작은 것은 아니었다. 이 계동궁으로 옮긴 주요 요인은 경우궁에 온방시설이 없기 때문이었다고 한다. 경우궁은 사당이었으니 제대로 된 온방시설이 없었던 모양이다. 고종이 신 정부의 내각 요인을 선정한 것이 바로 이 계동궁에 있을 때의 일이었다. 이렇게 버티다 고종은 결국 창덕궁으로 돌아가는데 주지하다시피 개화 세력과 소수의 일본군은 청나라 군대에 의해 궤멸되고 만다.

이렇게 큰 역사적 사건이 지나가고 20세기 초에 이곳에 자리를 잡은 것은 휘문고등학교이다. 이 학교는 민영휘가 1906년에 '휘문의숙'이라는 이름을 고종으로부터 하사받으면서 개교하게 된다. 의숙(義塾)이라는 것은 공적으로 세운 교육기관을 말한다. 이에 비해 사숙(私塾)은 개인들이 만든 교육기관을 말한다. 나는 이 학교의 이름을 휘문이라고 한 데에 항상 의문을 가졌었는데 이번에 이 의문이 풀렸다. 추측컨대 이 휘문이라는 이름은 민영휘의 이름의 마지막 자를 따다 거기에 '문' 자를 붙인 것 아닐까 하는 생각이다. 이 학교는 이렇게 설립되어 그 자리에 1978년까지 있었다. 그 뒤에는 강북에 있는 학교들을 강남으로 옮기는 정책에 따라 이 자리를 현대건설에 매각하고 강남으로 학교를 옮긴다.

그런데 현대건설은 이 땅을 사고 바로 사옥 건설을 시작한 것은 아니었다. 1982년 8월 10일 자 경향신문 기사에 따르면 당시에는 '학교이전부지활용 억제조치'가 있어 학교 자리에 건축하는 것을 금지하고 있었다. 서울시는 정책적으로 이런 땅에는 건물을 짓는 것보다는 공원이나 주차장을 신설하는 것을 지향하고 있었다. 그래서 아마 건축허가가 쉽게 나지 않은 모양이었다. 이것을 타개하고자 현대건설은 그 대지 면적의 약 30%에 달하는 부지를 시민공원으로 내놓겠다는 조건 등을 내세워 건축허가를 받아냈다고 한다. 이때 사장이 바로 이명박 씨였단다.

이 이야기를 시시콜콜하게 하는 것은 현대 건설 사옥 바로 옆에 있는 공원이 생겨난 배경에 대해 말하기 위함이었다. 이 공원은 보통 '원서동 시민 공원'이라고 부르는데 여기에 처음 오는 사람들은 이곳에 이런 공원이 있는 게 이상하게 보일 수 있을것이다. 이 비싼 땅에 공원이 있으니 의문을 가질 법 하지 않겠는가? 이 공원은 가서 보면 주로 회사원들이 점심 때 잠깐 휴식할 때 이용하는 것 같았다. 그래서 이 공원 근처에 갈 때마다 비싼 땅이 낭비되거나 방치되고 있는 것 같은 인상을 받곤 했다. 조금 신경을 쓰면 훨씬 더 좋은 공원으로 만들 수 있을 텐데 하는 안타까운 생각도 들었다. 또 뒷이야기를 들어보니 현대 건설에서 이 부지를 살 때 4천여 평에 달하는 땅에 있던 민가 65채도 샀다고 하는데[4] 그 이야기가 사실이라면 한옥 65채가 헐려나갔다는 것이 된다. 한옥이 65채면 작은 것이 아닌데 아쉽다는 생각을 지울 길이 없다. 사정이 어떻든 이때 이 많은 한옥이 이곳에서 사라졌다는 것을 잊어서는 안 되겠다.

옛 공간 사옥 앞에서

현대건설 사옥 바로 옆에는 또 다른 사옥인 공간사 사옥이 있다. 사옥이라는 점에서 이 두 건물은 같은 성격을 갖지만 내용은 영 다르다. 현대 것은 그저 그런 회사 건물인 반면 공간 것은 한국 현대 건축에 하나의 획을 그은 작품으로 평가받기 때문이다. 이 두 회사의 사옥을 비교해보면 아쉬운 점이 있다. 현대 건설은 주지하다시피 한국 굴지의 재벌 회사인데 사옥을 짓는 데에 조금 더 신경을 써서, 그리고 설계에 돈을 조금 더 써서 후대에 남을 건물을 지었

°°°°°°°°°°°°°°°°°°°°°°°°°°°°°°°°

4) 동아일보 1978년 5월 26일

공간 사옥 구관

공간 사옥 신관

으면 얼마나 좋았을까 하는 것이다. 서울의 핵심부에 있는 한국 최고 재벌 회사의 건물치고는 디자인이 너무 단순해서 하는 말이다.

현대는 현대이고 우리는 공간 사옥으로 가자. 이 건물은 등록문화재로 지정되어 있을 만큼 현대(회사 현대가 아니다!)에서 중요한 건물이다. 등록문화재란 근현대 문화유산 가운데 보존하고 활용할 가치가 큰 것을 선정해 관리하는 문화재를 말한다. 여기에는 건물은 말할 것도 없고 책이나 기관차, 터널, 철교 등 아주 다양한 유적들이 포함되어 있다. 이 건물이 등록문화재가 되었다는 것은 보전 가치를 인정받은 것이다. 이 건물은 잘 알려진 대로 김수근이 설계하고 자신의 사무실 겸 복합문화공간으로 쓰던 것이다. 이 건물에 대해 보기 전에 김수근에 대해 잠깐 언급할 필요가 있다.

김수근 선생은 어떤 분일까? 사람들은 김수근 선생을 건축가로만 알고 있는데 이 분은 건축가로만 조명해서는 안 된다. 그는 건축가이면서 전 방위적인 문화예술인이자 사업가 등 다양한 역할을 수행했기 때문이다. 그러면서 그 어떤 범주에도 들어가지 않는 분이라 할 수 있다. 글쎄 문화예술계의 아이콘이자 총아라고나 할까? 이 분이 해외로부터 받은 평가나 상 같은 것에 대해서는 너무도 잘 알려져 있기 때문에 언급하지 않겠다. 그런 정보는 전화기 한 번 두들기면 다 나오니 내가 또 언급할 필요 없겠다.

재미있는 것은 이 분이 졸업한 경기고등학교는 학교의 교훈이 '자유인 문화인 평화인'인데 이 분이야말로 이 가르침을 가장 확실하게 구현한 분인 것 같다는 것이다. 이

김수근 흉상

교훈은 평범하기 짝이 없지만 이만큼 포괄적인 것도 없겠다. 김수근은 이 교훈에 따라 평화를 사랑했겠고 문화의 총아로서 자유롭게 살았을 것이다. 이 분은 물론 건축가이다. 그런데 초기 작품들은 다소 논란이 있었지만 그 실력이 얼마나 출중한지 짓는 건물 마다 일정한 이정표 노릇을 했다. 그가 초기에 지은 부여 박물관 건물이 논란의 대상이 되었는데 내가 보기에는 남산에 있는 타워 호텔(현재는 반얀트리 호텔 건물)도 문제가 있어 보인다.

이 건물은 옆에 있는 자유센터와 쌍으로 지어졌는데 이 두 건물 모두 김수근이 설계했다. 타워 호텔 건물이 문제가 있어 보인다는 것은 남산과의 조화 문제이다. 나는 전문가가 아니니 건축적인 것은 따지지 않겠고 이 건물이 주변과 얼마나 잘 어울리나 하는 것만 보겠다. 남산은 내가 매일 새벽에 가는 곳이라 항상 이 호텔 건물을 보게 되는데 그때 마다 왜 저렇게 높게 지었을까 하는 의문을 지울 길이 없다. 남산의 산세와 얼마든지 조화롭게 지을 수 있었는데 그냥 불뚝 튀어나게 지었으니 말이다. 만일 김수근이 지금 다시 설계한다면 저렇게 짓지 않을 거라는 생각이 드는데 누구에게 확인할 수 있을지 모르겠다.

그가 설계한 건물 가운데 가장 뛰어난 것은 우리 앞에 있는 공간 사옥일 게다. 그 외에도 여러 가지가 있지만 그것을 다 볼 수는 없고 마산의 양덕 성당과 서울의 경동 교회 건물을 예로 들어보자. 이 두 건물은 각각 천주교와 개신교의 교회 건물 가운데 새로 지은 것 중에 가장 출중하다고 할 수 있다. 지금 한국의 교회 건물은 대부분 졸렬하기 짝이 없다. 그래서 교회 건물을 쇄신해야 된다는 주장이 진즉에 있어 왔다. 그러나 한국 그리스도교의 신자나 사제들은 문화적인 수준이 높지 않기 때문에 좋은 교회 건물을 짓지 못한다(이것은 불교나 다른 종교들도 마찬가지이다). 건물의 수준은 건축주의 수준과 정비례하기 때문이다.

그런데 경동 교회와 양덕 성당은 다행히 수준이 높은 신도와 사제 덕에 김수근에게 설계를 의뢰해 훌륭한 교회 건물을 지었다. 이 건물이 한국 교회의 대표 건물이라고 할 수는 없지만 종교 건축에서 새로운 지평을 연 것은 틀림없다. 김수근의 실력이 얼마나 뛰어났으면 양 교단의 교회 가운데 가장 뛰어난 건물을 지을 수 있었는지 그의 능력이 가늠이 잘 안 된다. 건축가가 이렇게 기념비적인 건물을 여러 개 짓는 것은 결코 쉬운 게 아니다. 그래서 김수근이 대단하다는 것이다.

문화계의 총아, 김수근 앞서 말한 것처럼 그는 건물만 설계한 사람이 아니다. 문화 전반에 관여했기 때문이다. 그는 이 작업을 자신의 사무 공간인 공간 사옥에서 실행했다. 그러니까 공간 사옥은 단지 설계 사무소에 그치는 것이 아니라 문화 중심 같은 역할을 한 것이다. 이 사무소에서 무엇을 어떻게 했을까?

그는 이 집을 만들고 지하실에 공연장을 만들어 그동안 묻혀 있던 전통예술인들에게 발표할 수 있는 장을 마련해주었다. 그 대표적인 예는 말할 것도 없이 김덕수의 사물놀이 패거리와 병신춤의 공옥진 여사일 것이다. 사람들이 이 분들의 예능을 알게 된 것은 이들이 이 공간의 소극장에서 공연한 덕분이다. 그 뒤로 이들은 사회적으로 인정을 받고 저명해진다. 한 마디로 말해 사회의 저변에서 주류로 입성한 것이다. 그런데 이런 이야기를 하면 사람들은 그다지 놀라지 않는다. 별일 아닌 것처럼 생각한다. 그러나 가만히 생각해보자. 건축 설계 사무소를 만들어놓고 거기다 극장을 같이 짓는 사람이 어디 있는가? 돈만 들어가고 신경 쓰이는 그런 일을 누가 하겠는가 말이다. 공연용 극장이나 박물관 짓는 일을 누가 한다고 하면 무조건 말려야 하는 게 정석이다. 돈만 들어가기 때문이다. 이런 일은 감당이 안 된다. 그런데 김수근은 그런 일을 했다. 그렇다면 우리는 김수근에 대해 경외감을 가져야 한다. 그런 것 안 하고 돈 버는 일만 해도 그는 충분히 바쁜 사람이었다. 그

경동교회

러나 그는 건축뿐만 아니라 한국 문화 전체를 생각했다. 그러기에 그를 두고 전 방위적 문화예술인이라고 한 것이다.

그의 업적은 거기서 끝나지 않는다. 1966년부터 "공간"이라는 예술과 건축 환경, 그리고 건축을 아우르는 종합잡지를 만들었기 때문이다. 그는 이 잡지의 취지문에서 한국 문화를 더 소개하고 그것을 기록, 정리, 비평하며 이 작업을 통해 좋은 미래가 올 수 있게 하겠다고 밝혔다. 그래서 이 잡지에는 물론 건축이 주 내용이지만 한국 문화 전반에 걸친 글들이 실렸다. 나도 여기에 실린 황병기 선생의 한국음악론에 대한 글을 천착하면서 읽었던 기억이 있다. 여기서 나는 이 잡지를 자세하게 소개할 필요를 느끼지 못

space

空 間
ARCHITECTURE
URBAN DESIGN
11 1966 11월

잡지 공간 창간호 표지 (1966년 11월호)

한다. 그보다는 이런 잡지를 간행한다는 게 얼마나 어려운 일인가를 이야기했으면 한다.

이런 문화예술을 다루는 잡지는 백이면 백 망하기 십상이다. 사람들도 보지 않고 광고도 잘 붙지 않기 때문이다. 그런데 이런 전문적인 잡지를 지속적으로 냈다는 것은 대단한 일이다. 재력의 뒷받침이 없으면 되지 않는 일이다. 김수근은 그런 불가능한 일을 했다. 이 일이 얼마나 힘든 일인가 하는 것은 지금은 이와 비슷한 잡지가 나오지 않는 것을 보면 알 수 있다. 이런 잡지와 유사한 성격을 띠는 잡지로 "뿌리 깊은 나무"나 "샘이 깊은 물" 등을 들 수 있는데 이것들은 모두 폐간되었고 현재에는 비슷한 잡지 하나

현대건설 사옥 앞에서

옛 공간사 소극장 입구

없다. 그만큼 잡지 내는 일은 어렵기 때문이다. 지금은 김수근이 이 잡지를 낼 때보다 경제적으로 몇 배나 잘 사는데 이런 잡지가 나오지 않는다는 것은 부끄러워해야 할 일이다. 우리의 문화적 수준이 그만큼 떨어지기 때문에 이런 일이 생겼을 것이다.

일전에 나는 지인과 함께 한국문화만 다루는 전문 잡지를 내자고 의기투합한 적이 있었다, 그런데 주변의 반응은 일관됐다. 망하려면 곱게 망해야지 잡지 해서 망할 필요 있겠냐는 것이 그것이었다. 문화에 관계되는 잡지를 발행하는 일은 일견 멋있고 훌륭한 일이지만 지속적인 재정 지원이 없으면 불가능한 일이다. 그 지원도 작은 것이 아니고 큰 것이어야 한다. 그래서 그런 지원을 하는 사람이나 단체가 없는 것이다. 너무 부담이 되기 때문이다. 그런데 그런 일을 자신의 역량으로 해냈으니 김수근 선생이 대단하다는 것이다. 요즘은 이런 분들이 너무도 없다. 사회는 전반적으로 잘 사는데 당최 폭이나 여유가 없다. 이 정도의 소개면 김수근에 대해 기본적인 것은 알린 셈이다. 이러한 정보를 갖고 김수근 선생을 생각하며 이 공간 사옥을 돌아보기로 하자.

공간 사옥을 휘돌아 보며

이 사옥은 나도 십여 년 전쯤에 간 적이 있었다. 지금도 대표직을 맡고 있는 이상림 씨가 내게 강연을 부탁해서 간 김에 그의 소개로 사옥 전체를 안내받았던 기억이 난다. 그 뒤로 주인이 바뀐 다음에는 다시 가보지 못했는데 가본 사람들의 이야기는 내부가 변한 곳은 없다고 하니 다행으로 생각된다.

이 집을 어떻게 소개하면 좋을까? 건축가들이 써놓은 이야기를 보면 전문적인 내용이 많아 이해하는 데에 힘이 든다. 주로 양식이나 세부적인 것에 대해서만 설명하고 있으니 이해하기가 쉽지 않은 것이다. 그들이 하는 설명은 이런 거다. 이 건물은 일반적인 기준으로 보면 4층짜리 건물이지만 열 개가 넘는 바닥 층이 서로 높이를 달리 하면서 있고 그것을 복잡한 계단이 이어준다. 그래서 내부가 굉장히 복잡한 것처럼 보인다. 그러나 그것이 사람들을 혼란스럽게 만드는 게 아니라 매번 다른 정서를 일으킨다는 점에서 창조적인 디자인으로 평가받는다.

대강 이런 정도의 설명이 전문가들이 즐겨 하는 설명인데 이것은 현장에 가서 보지 않으면 무슨 말인지 이해가 잘 안 된다. 이런 설명을 들어서는 이 건물이, 혹은 김수근이 한국 현대건축사에서 어떤 의미를 갖는지에 대해 알 수 없다. 그리고 이런 식의 설명은 전공자들에게는 유용하겠지만 비전공자들에게는 그다지 와닿지 않는다. 건축이 전공이 아닌 일반인들에게는 다른 설명을 해주어야 한다.

그래서 나는 학생들과 같이 이 건물 앞에 서면 건물의 양식 같은 것에 대해서는 설명을 삼간다. 대신 평범하게 보이는 이 건물이 왜 문화재로까지 지정되었는지에 대해 설명해준다. 하기야 나는 건물의 양식 같은 전문적인 내용은 잘 모르니 그에 대해 설명을 해줄 수도 없다. 전문가들이 하는 말은 읽어봐도 어려운 용어가 많아 이해가 안 되니 전달할 방법이 없다. 어떻든 이 건물 앞에 서면 이 집은 별 특징 없는 벽돌 건물로만 보인다. 곁에서 볼 때에는 도무지 무엇이 대단한 건물인지 알 수 없다. 그런데 이 건물을 이야기할 때에는 건축의 한국화 문제를 같이 거론해야 한다.

한국적인 건축은 어떤 것인가? 건축의 한국화 문제라는 것이 무엇인가? 간단하게 말해 이 문제는 한국적인 건축을 어떻게 만들어내느냐에 관한 것이라 할 수 있다. 이른바 서양 건축의 한국적 수용이다. 대부분의 우리가 사는 건물은 서양 건물이다. 그런데 우리가 사는 땅은 한국이다. 이 두 요소, 즉 서양과 한국은 매우 다르다. 그러나 주체는 한국이다. 주체인 한국의 입장에서 볼 때 우리는 객체인 서양을 어떻게든 주체적으로 수용하고 싶은 욕망이 있다. 그래서 사회의 전반에서 한국적 수용을 이야기했고 그에 따라 건축계에서도 이 시도에 동참하게 된다.

물론 모든 건축가가 이 주제에 관심을 가졌던 것은 아니다. 이런 관심은 원래 소수의 의식 있는 사람만이 제기하는 것이다. 건축계에서도 의식 있는 일부 건축가들이 서양 건물을 어떻게 하면 한국적으로 변용시킬 수 있을까에 대해 고심했다. 이것은 당연한 것이다. 그들은 문화적인 자존감이 높기 때문에 서양 건축가를 흉내 내어 건물을 짓

는 일이 못마땅했을 것이다. 그들은 서양 건물을 짓되 한
국 땅에서만 가능한 건물을 짓고 싶었을 것이다. 이 작업
을 위해 그들은 몇 가지 시도를 했다.

  그들이 초기에 행한 시도는 외형적인 것에 집중하는 것
이다. 서양 건물에 한국적인 옷을 입히는 것이다. 그런 것
가운데 가장 일차원적인 예는 건물 옥상에 한옥을 짓는 것
이다. 서양 위에다가 그냥 한국을 얹어 놓는 것이다. 이러
한 건물 가운데 가장 전형적인 예는 한국문화중심 옆에 있
는 '법련사'(송광사 서울 분원)라는 절이다. 이 집은 사진에
서 보는 것처럼 2층 양옥인데 그 위에 절 대웅전을 지어놓
았다. 이런 디자인이 잘못되었다고는 할 수 없지만 생각이

법련사

매우 거칠다고 할 수 있다. 일차원적이고 너무 단순하다. 금세 질린다. 이런 개념으로 지은 건물 가운데 최악은 아마도 예술의 전당에 있는 오페라하우스일 것이다. 이 건물은 생뚱맞게 건물 위에 갓을 올려놓았다. 그래서 건물과도 어울리지 않고 뒤에 있는 자연과도 어울리지 않는다. 이것은 설계자가 한 일이 아닐 것이다. 상식이 있는 설계자라면 이런 '디자인 파괴' 행동을 하지 않는다. 풍문에 따르면 당시 문공부(현재 문화부) 장관이었던 이가 이렇게 만들라고 지시를 하는 바람에 결과적으로 이런 이상한 건물이 나왔다고 한다. 나는 그 사람의 이름도 알고 있지만 확실한 것은 아니니 거명하지 않기로 한다(당시는 전두환 정권 때였

오페라하우스

다). 문화는 관이 간섭하면 안 되는 것인데 그 기본적인 것을 무시한 것이다.

관만 이렇게 한 것이 아니다. 민간에서도 이런 건물이 많이 나오는데 그 대표적인 것이 신라호텔이다. 신라호텔은 벽돌처럼 생긴 건물에 한옥을 그냥 붙여 놓았다. 로비로 쓰고 있는 그 건물이다. 이 경우에는 한옥이 위에 붙어 있지 않고 옆에 붙어 있다. 여기서도 디자인 충돌이 일어난다. 한국과 서양이 아무런 절충 없이 그냥 붙어 있으니 그럴 수밖에 없다. 신라호텔은 모든 면에서 인정받는 특급호텔이라지만 건물 디자인은 그 수준을 따라가지 못하고 있어 안타깝다.

김수근이 생각한 한국적인 건축　이런 시도가 미진하다고 느낀 소수의 건축가들은 외양이 중요한 것이 아니라 원리나 개념이 중요하다는 것을 알게 된다. 외양이 서양식이더라도 한옥이 갖고 있는 건축 원리가 그 건물에 녹아 들어가면 된다고 생각한 것이다. 이렇게 되면 굳이 한국적인 겉모습에 연연할 필요가 없다. 이런 시도가 성공한다면 다른 나라에서는 결코 발견할 수 없는 한국적인 건물을 만들 수 있을 것이다. 이런 일을 선구적으로 시도한 사람이 바로 김수근이고 그런 생각으로 만든 건물이 공간 사옥이라는 것이다. 그런데 이 건물은 어떤 면에서 한국적이라는 것일까?

이 건물은 앞에서 말한 것처럼 겉에서 보기에는 4층짜리처럼 보이지만 안은 작은 공간들이 서로 중첩되어 있어 마치 10층처럼 보인다고 했다. 그리고 이 공간들은 많은 계단으로 연결되어 있는데 굉장히 복잡한 미로 같은 모습을 띠고 있다. 이렇게 만들어진 공간이 10층처럼 보인다는 것이다. 이 건물의 핵심 포인트는 여기에 있다고 할 수 있다. 그래서 이 요소에 대해 많은 평이 있을 수 있는데 나는 이것을 한국적인 요소와 연관해서 설명해보려고 한다. 내가 전문가가 아니라 이 건물의 일반적인 특징에 대해서는 말할 수 없으니 한국 문화와 관련해서만 언급하겠다는 것이다.

이렇게 내부 공간을 입체적으로 만든 것은 자연과 한국 문화를 동시에 수용하려는 시도로 보인다. 다시 말해 김수근이 이 공간을 만들 때 어떻게 하면 자연을 구현하고 동시에 한국 문화적인 요소를 살려낼까를 고심한 것 같다는 것이다. 먼저 어떤 면이 자연스럽다는 것일까? 이 건물의 내부가 규격에서 벗어났기 때문이다. 보통 건물들은 층으로 엄격하게 구획되어 있다. 층 마다 정확한 구분이 있다. 그래서 진부하게 느껴지고 금방 싫증이 날 수 있다. 그러

공간사 사옥 1층 다방(위)과 내부(아래)

나 자연은 다르다. 자연에는 인위적인 구분이 없다. 특히 산이 그렇다. 인간이 보는 각도에 따라, 또 움직이는 속도에 따라 보이는 모습이 다르다. 똑같은 것이 하나도 없다. 그래서 자연은 자연스러운 것이고 암만 보아도 싫증이 나지 않는 것이다. 공간사 내부가 그렇다. 미로처럼 되어 있어 자연 속으로 걷는 것 같다는 것이다. 움직일 때 마다 경광이 달라진다. 그러니 인위적인 공간이되 인위적으로 보이지 않는다.

이런 구조는 또 한국문화적인 요소와 직결된다. 한옥의 특징 중의 하나는 입체적이라는 것이다. 한국인들은 한옥에 익숙한 나머지 자신들의 전통 가옥이 얼마나 입체적인지 모른다. 이 점은 특히 사대부들의 집에서 두드러지게 나타난다. 이 점에 대해서는 앞서 익선동을 다룬 책에서 운현궁의 사랑채(노안당)를 설명하면서 잠시 언급했다. 그 책을 보지 않은 독자들의 이해를 돕기 위해 한옥의 입체성이라는 것이 무엇인지 간단하게 설명해야겠다.

사대부의 집을 보면 우선 기단이 있다. 기단에는 계단이 있기 마련이다. 계단을 통해 기단 위로 올라가면 거기에는 섬돌(디딤돌)이 있다. 마루에 오르기 위해서는 섬돌을 딛고 올라가야 한다. 이렇게 보면 마루에 오르기 위해서 우리는 두 번의 오름을 겪어야 한다는 것을 알 수 있다. 그런데 만일 이런 사랑채에 누(樓)가 있으면 누에 가기 위해 한 번 더 올라가야 한다. 보통 루는 마루보다 조금 더 높게 만드니 그곳에 가기 위해서는 다시 한 번 업(up)을 해야 한다. 이런 구조를 전체적으로 보면 이 집은 3층의 입체감을 갖게 된다. '기단-섬돌-마루-누'라는 4차원의 입체 구조가 나오는 것이다. 순전히 개인적인 추측일지 모르지만 김수근은 한옥의 이러한 입체성을 공간사 내부에 적용시킨 것이 아닌가 생각해본다.

공간사 내부 구조를 설명하는 또 다른 방법이 있다. 바로 한국 마을의 골목길을 재현했다는 것이다. 그것도 이 집이 소재한 북촌의 골목길을 재현한 것이라는 것이다. 북촌과 같은 한국 마을에는 특유의 골목길이 있다. 한국 마을은 광장이라는 것이 없다. 대신 꼬불꼬불한 골목길이 많다. 골목길의 특징은 꼬불꼬불한 것뿐만 아니라 끊어질 듯 이어져 있다는 것이다. 길을 따라 가다 보면 막다른 길일 것 같은데 또 이어지는 경우가 있고 더 뻗어나갈 것 같은데 갑자기 막히는 경우가 있는 등 그 펼쳐지는 정도를 예감할 수가 없다. 바로 여기에 골목길의 묘미가 있다. 이것은 이렇게 말로 듣는 것보다 북촌을 다녀보면 금세 알 수 있다. 김수근은 바로 이 길을 건물 내부에 실현하려고 노력한 것 아닌가 하는 생각이다.

운현궁의 이로당(위)과 노안당(아래)

원서동 공원

공간 사옥 주변 이야기   이 공간 사옥을 설명할 때 나는 주로 구관과 신관 사이에 있는 공간에서 한다. 그곳에는 다방으로 운영되고 있는 한옥도 있고 삼층탑도 있다. 사실이 신관과 구관, 그리고 이 한옥에 대해서는 뒷이야기가 많지만 그것을 다 하자면 너무 양이 많아질 것 같고 그 정보가 정확한 것인지도 몰라 대부분 생략했다. 뒷이야기라는 것 가운데 한 예를 들면 이런 것이다.

이 공간사 부지에 오면 눈 빠른 사람들은 금세 의문을 가질 것이다. 이 부지의 위치에 대해 의문을 가질 수 있다는 것이다. 이 땅은 주지하다시피 현대건설 사옥과 그들이 만든 원서동 공원 사이에 있다. 그렇다면 이런 질문이 당연히 나오지 않을까? 주변이 다 현대 땅인데 어찌 해서 여기만 공간사의 땅이 되었느냐고 말이다. 사실 그렇지 않아도 현대 측에서 이 땅을 사려고 했었다고 한다. 그런데 여차여차한 이유로 그냥 공간사가 계속해서 보유하게 되었는데 그 경위가 확실하지 않아 말을 삼가려고 한다. 그런데 여기 있는 한옥도 원래는 현대건설 소유였단다. 내가 십여 년 전에 갔을 때에도 그런 이야기를 들은 것 같았다. 그랬던 것이 공간사가 이 건물을 매입하게 되는데 이 사건을 두고 또 뒷이야기가 있다. 그러나 이런 등등의 이야기들은 정확하지 않아 언급하지 않겠다.

공간사 사옥 신관

　여기 오면 신관에 대해서도 언급해야 하는데 이 신관은 김수근의 뒤를 이어 공간사를 맡은 장세양이라는 분이 설계한 건물이라는 것 정도만 밝히면 되겠다. 건물이 구관과는 아주 다르게 건축되어 무엇에 대해 말해야 할지 모르겠다. 구관은 빨간 벽돌의 벽이 온통 담쟁이로 덮여 있어 폐쇄적으로 보이는데 신관은 유리로 되어 있어 안이 다 보인다. 신관은 김수근이 좋아했던 공법인 노출 콘크리트로 구조와 계단을 처리했다.[5] 그리고 그것을 온통 유리로 덮어

<hr />

5) 김수근이 이 노출 콘크리트 공법을 처음으로 선보인 것은 남산에 있는 자유 센터로 알려져 있다.

버렸다. 신구관의 콘셉트가 너무 달라 전문가가 아닌 나는 말을 아껴야겠다는 생각이다. 처음에 신관에서 일하게 된 여직원들은 밑에서 자기 사무실들이 다 보여 꽤 난망했다는 뒷이야기도 전해진다.

이 신관은 현재 식당과 다방으로만 운영되고 있다. 따라서 이 건물에 대해서는 할 말이 별로 없다. 다만 창덕궁이 잘 보이는 곳이니 관심 있는 사람은 한 번 방문해보라는 정도만 이야기하고 싶다. 나는 2층까지밖에는 가보지 않았는데 당시는 여름이라 나무가 무성해 창덕궁 안이 잘 보이지 않았다. 내 아들 아이가 공간사 신관에서 십여 년 전에 약 반년 동안 인턴을 한 적이 있는데 그에 따르면 가을에 비원의 단풍이 끝내준다고 한다. 나도 이번 가을에는 한 번 비싼 돈 내고 4층 식당에 가서 비원의 가을을 감상해야겠다는 생각이다.

이제 이 건물을 보고 떠나야 하는데 그 전에 이 건물과 관련해 미진한 게 있어 하나 있다. 신관을 마주한 구관의 벽에는 사진에서 보는 바와 같이 창이 다양한 모습으로 나 있는데 이 모습은 전통 한옥에 창이 나 있는 모습과 많이 닮았다. 우리 전통 한옥들을 보면 저렇게 비균제적으로 창을 내는 경우가 더러 있다. 김수근이 그것을 흉내 내어 이 창을 만들었는지 어쩐지는 알 수 없지만 아주 닮아서 관심

창문의 크기가 다르고 담장이가 덮인 공간사 벽

을 끈다.

그 다음에 볼 것은 그 벽을 덮은 담쟁이다. 김수근은 자신이 설계한 건물 외관을 담쟁이로 덮는 일을 좋아한 모양이다. 이 건물뿐 아니라 그가 설계한 대학로의 샘터 사옥이나 장충동의 경동교회가 다 이런 모양으로 되어 있기 때문이다. 이에 대해서는 여러 설명들이 있던데 그 가운데 그럴 듯한 것을 모아보면 대체로 이런 것이다. 일단 이 담쟁이는 빨간 벽돌과 색깔이 잘 어울린단다. 담쟁이의 초록색과 빨간 벽돌이 잘 어울린다는 것이다. 뿐만 아니라 담쟁이는 잎이 나고 지고 또 계절에 따라 색깔이 변한다. 이를 통해 사람들은 시간의 흐름을 느껴 이 건물이 살아 있는 것처럼 느낄 수 있다는 것이다. 다 그럴 듯한 이야기이다. 개인적으로 보아도 그냥 벽돌보다는 식물이 있는 편이 좋다. 인공적인 게 많이 누그러져 좋다는 것이다.

북촌 안으로

금호문 앞에서   이곳에서는 대체로 이런 생각을 나누고 나는 다시 학생들과 걷기 시작한다. 창덕궁 쪽으로 가는 것이다. 원서동 공원에서 왼쪽으로 틀면 곧 창덕궁의 서문

금호문 앞에서 본 창덕궁 내부

인 금호문이 나온다. 이 문은 궁에서 일하는 관리들이 드
나들던 문으로만 알고 있었는데 뜻밖의 사건이 이 문 앞에
서 벌어졌다는 것을 알게 되었다. 일제기에 송학선이라는
분이 이 금호문 앞에서 총독을 죽이려고 시도한 사건이 그
것이다. 1926년 순종이 타계했을 때 그는 사이토 총독이
문상 차 창덕궁에 온다는 소식을 들었다. 평소에 안중근을
존경하던 그는 안중근과 같은 일을 하고 싶어 했다고 한
다. 그래서 안중근이 이토 히로부미를 죽였듯이 자신도 총
독을 죽이려 했던 것이다.

　이처럼 총독을 처단하겠다는 뜻을 품은 송학선 선생은
칼을 들고 이 금호문 앞에서 기다리고 있었다. 이윽고 사

이도 총독으로 짐작되는 사람이 탄 차를 발견하고 그는 재빨리 그 차에 올라타 총독과 일행 두 사람을 칼로 찔렀다. 세 사람을 찌른 것이다. 이로 인해 세 사람 중 한 사람은 죽고 두 사람은 다치게 된다(이 과정에 순사 한 사람도 송학선의 칼에 찔려 사망하게 된다). 거사에 성공했다고 생각한 선생은 도망갔으나 안타깝게도 휘문고교 앞에서 붙잡히게 된다. 그런데 더 안타까운 것은 이 차에는 총독이 타지 않았다는 것이었다. 거사가 실패한 것이다. 차에 타고 있던 사람이 총독과 닮아 선생이 잘못 본 것이다. 그는 재판 중에 총독을 죽이지 못한 것이 저승에 가서도 한이 될 것이라고 했다는데 익히 예견할 수 있는 것처럼 그는 1년 뒤에 사형에 처해지고 만다. 이 이야기를 학생들과 나누는 가운데 의문이 생겼다. 선생이 얼마나 빠르고 힘이 셌으면 달리는 차에 올라타고 승객 세 명을 모두 칼로 찌를 수 있었는지 실감이 나지 않는다. 그런데 이 일을 다 해냈으니 선생은 참으로 대단하다는 생각이 든다.

이 문에 갔을 때 만일 문이 열려 있으면 나는 꼭 문 앞에 가서 비원 안을 본다. 그러면 문 세 개가 한 줄로 겹쳐 보여 꽤 멋있는 광경이 연출된다. 그러니까 금호문과 진선문, 숙장문 등 세 문이 프레임 역할을 해 보기가 좋다. 진선문은 인정문 영역으로 들어가는 문이고 숙장문은 이 영역을 나가는 문이다. 그러니까 이 두 문은 창덕궁에서 상당히 중요한 문인데 금호문 앞에 서면 바로 볼 수 있는 것이다.

그렇게 보고 우리는 궁궐 담을 따라 올라가는데 이 길로 우리는 북촌문화센터로 갈 것이다. 그리로 가려면 다음 길에서 왼쪽으로 꺾어야 한다. 만일 왼쪽으로 꺾지 않고 곧장 가면 곧 원불교가 소유하고 있는 은덕문화원이라는 한옥을 만나는데 그 쪽으로 가면 전체 코스가 헝클어지기 때문에 잘 가지 않는다. 이 집은 원불교 교도인 전은덕 씨가 교단에 희사해 현재 원불교가 사용하고 있다. 원래는 개방을 해 들어가 구경할 수 있었는데 지금은 문을 열어주지 않으니 그냥 지나칠 수밖에 없다. 이곳에는 일본식 집이 아직도 남아 있어 볼거리가 조금 있지만 들어갈 수 없으니 할 수 없는 일이다.

여운형 선생 집터를 지나면서　그런 아쉬움을 갖고 우리는 왼쪽으로 방향을 틀자. 창덕궁 1길인데 이 길에는 잠깐 언급할 것들이 있다. 우선 생각나는 음식점이 있는데 한정식집인 용수산과 중국집인 용정이다. 두 집 다 가서 먹어보았지만 그곳에 가면 이 두 집은 들리지 않는다. 용수산은 공연히 비싸서 안 가고 용정은 서비스가 그다지 마음에 들지 않아 안 간다. 그러나 용정은 짜장면이 맛있었던 것으로 기억되는데 하도 오래 전에 가서 먹었던 터라 생각이 가물거린다.

그곳까지 갔으면 포르투갈 대사관 앞에서 창덕궁을 한 번 바라보아야 한다. 사진에서 보는 것처럼 창덕궁의 건물들이 중첩되어 꽤 멋있는 광경이 연출된다. 일전에는 이곳을 북촌 1경이라고 부른 것 같은데 지금은 그런 호칭이 다 없어졌다. 한국인들은 중국 관습 흉내 내는 것을 좋아해 명승에는 으레 8경을 만들었는데 그 관습에 따라 북촌에도 8경을 만들었다. 이곳은 그 가운데 1경이라는 것이다. 왜 이곳이 1경으로 선정되었는지는 알 수 없지만 어떻든

포르투갈 대사관 앞에서 본 창덕궁

좋은 경치를 볼 수 있는 지점이라는 것은 확실하다.

그곳서 조금만 내려오면 여운형 선생의 집터가 나오는데 지금은 칼국수 집으로 바뀌었다. 선생은 이 집에 살던 중 1947년에 그 근처인 혜화동 사거리에서 암살당하고 만다. 그에 대한 정보는 전화기를 두드리면 다 나오니 여기서 굳이 소개할 필요 없겠다. 내가 1970년대에 대학에서 한국근대사를 공부할 때 일제기와 해방 직후에 활동했던 정치 지도자들을 일별한 적이 있다. 그 중에서 여운형 선생에 대한 이미지가 상당히 좋았던 기억은 아직도 갖고 있다. 일제기에 변절하지 않았을 뿐더러 순심으로 한국의 독립을 위해 애썼던 분이었다는 기억이 남아 있는 것이다.

여운형의 집터와 안내석

그는 끊임없이 정치 세력을 통합하려고 노력했다. 특히 당시 둘로 갈려 첨예하게 대립하고 있었던 좌익과 우익을 합치려고 부단히 힘을 썼다. 그런데 이런 분들은 양쪽으로부터 회색분자로 공격 받는 법이라 그에 대한 테러 시도가 끊이지 않았던 모양이다. 10번 이상을 테러를 당했다고 하니 말이다. 1947년 3월에는 그가 살던 이 집이 폭파된 적이 있는데 그때의 사진은 아직도 남아 있다. 그러다 4개월 뒤 선생은 결국 암살당하고 만다. 그 배후 세력은 극우테러 단체로 추정되는데 당시에는 그 많은 테러 시도에 대한 수사가 제대로 이루어지지 않았다고 한다. 아마도 극우 단체가 정부 세력과 암묵적으로 제휴해 그를 암살하려고 한 것 아닌가 하는 생각이 든다. 좌우간 이 즈음해서 많은 애국지사들이 암살을 당하는데 여운형도 그 희생물이 된 것이다. 김구가 그렇고 동아일보 사장과 중앙고교 교장을 지낸 송진우가 그렇다. 이 암살을 주도한 사람으로 심증이 가는 사람이 있지만 정확한 것은 아니니 말을 아껴야겠다. 그러나 제자들과 답사를 갔을 때에는 기록이 남지 않는 것이라 그 배후 인물에 대해 거론한다.

지금은 북촌문화센터가 된 계동마님 댁으로 그런 아쉬움과 함께 우리는 북촌문화센터로 향한다. 다음 사거리에서 왼쪽으로 꺾으면 바로 그 집이 나온다. 이 집은 원래 동북촌을 답사할 때 제일 먼저 가는 곳이었다. 왜냐하면 이곳에 가면 역사를 비롯해 북촌의 대강을 알 수 있기 때문이다. 북촌에 대한 자료들이 영상과 함께 전시되어 있어 북촌 답사 시작 지점으로는 최적이다. 현재는 서울시가 이 집을 사들여 북촌의 역사나 문화재 등을 소개하고 있고 또 전통 문화와 관련해서 강좌나 강습을 벌이고 있다. 이 집은 보통 '구 민형기 가옥', 혹은 민 씨가 일제기에 탁지부에서 재무관직을 맡았다고 해 '민재무관 댁'으로 알려져 있다.

내가 이 집에 대해 잘 알지 못할 때에는 양반집이 왜 이렇게 작을까 하는 의문을 갖고 있었다. 그렇지 않은가? 이 집의 주인이었던 민형기는 왕실의 외척이었을 것이고 총독부에 근무했으니 양반임에 틀림없다. 그런 사람이 살던 집치고는 건물들이 납작하고 전체적으로 너무 작다. 도무지 양반의 품격을 느낄 수가 없다. 그런 생각을 갖고 이 집에 대해 심층적으로 조사해 보았더니 그 이유를 알 수 있었다.[6] 우선 복원할 때 다소 축소된 면이 있었다. 전체 대

6) 이에 대해서는 문화재청이 2014년에 엮은 『서울 계동 근대 한옥 기록화 조사보고서』에 잘 나와 있다.

북촌문화센터 정문

지의 면적이 초기 때보다 조금 줄어들었다. 대지가 줄어
든 이유는 복원을 하면서 대문 쪽을 많이 줄여버렸기 때
문이다.

　이 집은 지금 보면 사진에서처럼 대문이 아주 평범한데
원래는 대문이 앞에 있는 큰길에 연해 있었고 지금처럼 납
작하게 만든 문이 아니었다. 원래는 솟을 대문과 그 옆에
행랑채가 붙어 있었는데 복원하면서 이것들을 모두 없애
버렸다. 그래서 도무지 양반 집의 맛이 나지 않는 것이다.
양반 집은 솟을 대문이 있어야 위용이 서는 것인데 서울시
가 복원하면서 대문을 아주 겸허하게 만들었다. 그래서 양
반 집에 들어가는 느낌이 들지 않는다. 쉽게 말해 폼이 나

지 않는다는 것이다. 그리고 복원하면서 새 나무를 써서 전통이나 역사가 느껴지지 않는 것도 이 집이 오래된 양반 집으로 보이지 않는 이유가 될 수 있겠다.

그 다음에 이 집은 양반 집치고 건물의 크기가 작다고 했다. 그리고 양반 집들은 운현궁의 노안당처럼 굉장히 입체적으로 건축되는데 이 집은 그리 입체적이지 않다. 앞에서 언급한 것처럼 한옥은 계단, 기단, 섬돌, 마루 등의 소재들이 매우 입체적으로 배치되는데 이 집은 그 입체성의 정도가 약하다. 그래서 복원할 때 잘못한 것 아닌가 하는 의심이 들었는데 그렇지는 않았다. 그러다 이 집의 역사를 꼼꼼히 살펴보니 그 이유를 알 수 있었다.

단도직입적으로 말해 이 집은 양반이 짓고 그 양반이 살았던 것이 아니라 양반의 부인이 과부가 되어 짓고 아들 부부와 함께 살던 집이었다. 그래서 추측해보건대 남자 양반의 입장이 아니라 양반의 부인 입장에서 지은 것이라 굳이 양반집으로서의 규모와 위용을 갖추려고 하지 않았던 것 같다. 그래서 그랬는지 이 집은 건축을 시작한 지 3개월 만에 완공을 보게 된다. 이렇게 빨리 지을 수 있었던 것은 양반 가옥의 격식과 위엄을 지양하고 소박하게 지었기 때문이었을 것이다.

이 집은 앞에서 말한 것처럼 '민형기 가옥'이라고 했지

북촌문화센터의 사랑채

만 이 민 씨가 거주한 적은 없단다. 민 씨는 일찍 죽고 그
의 부인인 유진경이 아들과 함께 1921년에 이 집을 지었
다. 그래서 '유진경 가옥'이라고 하는 경우도 있고 유진경
의 며느리인 이규숙의 별칭을 따서 '계동마님 댁'이라고
부르는 경우도 있다. 특히 이규숙 씨는 그의 구술 책인 『이
'계동 마님'이 먹은 여든 살』(뿌리 깊은 나무, 1992)라는 책
으로 유명해졌다. 이 책에는 이 집이 창덕궁에 있는 연경
당을 견본으로 지었다는 이야기가 나온다. 그리고 집 지은
사람이 '대궐 목수(도편수)'라는 증언도 나온다.

　연경당에 대해서는 꽤 알려져 있으니 설명이 많이 필요
하지 않을 것이다. 연경당은 궁 안에 있지만 왕실 건축으

연경당의 안채와 사랑채

로 지은 것이 아니라 사대부들이 사는 양식으로 집을 지은 것으로 유명하다. 순조의 아들인 효명세자가 1820년대 후반에 아버지가 사대부들의 생활을 이해할 수 있게 하기 위해 이 집을 지었다는 설이 있는데 또 다른 설도 있다. 다른 설에 따르면 순조에게 존호를 바치는 행사를 하기 위해 이 집을 지었다는 것이다. 그래서 이 집의 이름을 '연경(演慶)', 즉 경사스러운 행사를 연행(演行)한다는 의미로 지은 것이라는 것이다. 충분히 설득력이 있는 설인 것 같다.

연경당의 특징은 안채와 사랑채를 붙여 놓은 것이다. 보통 한옥은 이 두 건물을 엄격하게 떨어뜨려 놓는데 연경당은 붙여놓았다. 그러나 남녀가 유별하니 구분을 두어야 했기 때문에 이 두 건물을 담으로 분리해 놓았다. 그래서 이 두 건물이 흡사 다른 건물처럼 보인다. 이 집도 연경당과 같은 방법으로 지어졌다. 안채와 사랑채가 담으로 구분되어 있어 흡사 다른 채처럼 보이지만 툇마루로 연결되어 있어 왕래하는 일이 가능하다.

앞에서 이 집은 양반이 지은 것이 아니고 그 부인이 지은 집이라 위엄 있게 짓지 않았다고 했다. 그런데 그럼에도 불구하고 이 집에는 궁궐 건축에서만 보이는 장치가 있어 흥미를 자아낸다. 그 장치가 무엇일까? 이 집은 과부종부가 소박하게 지은 집임도 불구하고 궁궐처럼 '침방가퇴'

홍살협문

나 '홍살협문'이라는 것이 있다.[7] 이 두 장치의 이름은 내게도 매우 생소한데 너무 전문적인 요소라 자세한 설명은 생략하겠다. 단지 '가퇴'는 안채의 바깥 면을 노출시키지 않기 위해 문을 달아놓은 것이라고 보면 되겠고 홍살협문은 문 위에 홍살이 붙어 있는 작은 문 정도로 이해하면 큰 문제없겠다. 이런 요소들은 보통 양반 집에서는 잘 발견되지 않는다고 한다. 그런데도 이 집이 이렇게 지어진 것은 아마도 궁을 지은 목수가 이 집을 지었던 때문이 아닐까

<hr />

7) 박상욱(2014), "유진경 가옥(현 북촌문화센터)의 원형과 궁궐요소 차용", 『건축역사연구』 제23권 5호, pp. 17-20.

침방가퇴 모습

한다. 사실 이런 설명은 이 건물에 직접 가서 현장을 보면서 해야지 그렇지 않으면 무슨 말인지 이해하기가 힘들다. 그러니 건축 양식에 대한 설명은 가능한 한 피하는 게 낫겠다는 생각이다. 그 외에도 이 건물에는 많은 건축적 요소가 있지만 너무 전문적인 것이어서 자세한 설명은 피하고자 한다. 한 가지 덧붙일 게 있다면 안채 옆에 있는 정자는 원래 사당이 있던 자리라는 것이다. 그런데 그 사당 건물은 그 옆으로 옮겨져 현재 화장실로 사용하고 있다.

이 집과 관련해 뒷이야기가 있다면, 이 집은 1935년이라는 이른 시기에 다른 사람에게 팔리게 되는데 그 이유가 재미있다. 유진경의 아들인 민경휘가 자신의 친구인 김제룡에게 판 것인데 그 이유가 재미있다는 것이다. 김제룡은 아마 아들이 없었던 모양이다. 그에 비해 주인인 민경휘는 이 집에서 아들 둘을 연달아 낳았다. 그것을 본 김제룡은 민씨를 졸라 그 집을 산 것이다. 그 집에서 살면 아들을 낳을 수 있을 거라고 생각한 모양이다. 이 집은 풍수적으로 아들을 낳을 수 있는 기운이 있다고 생각한 것 같다. 어떻든 이 집은 그 뒤로 소유권 이전이 몇 번 있었지만 계속해서 김씨의 일가가 살고 있었는데 서울시는 이들에게서 2001년에 이 집을 사서 대대적으로 개수해 그 다음 해에 이 센터를 열었다. 이상이 이 집이 서울 시민에게 오게 된 대강의 경위이다.

한옥지원센터로 향하기　이제 우리는 이 센터를 나와서 계동길을 따라 북쪽으로 올라간다. 작은 사거리를 지나 올라가다 보면 오른 쪽으로 난 두 번째 골목쯤 어구에 '한옥지원센터'라는 작은 안내 간판이 다른 간판과 함께 보인다. 처음 오는 사람들은 이곳을 지나치기 십상인데 이곳은 동북촌에 오면 반드시 들려야 할 곳이다. 흡사 숨겨진 보석 같다고나 할까? 나는 이곳이 게스트하우스일 때 답사 온 적이 있었는데 그 뒤 이 집에 대해서는 까맣게 잊고 있었다. 그러다 최근에 다시 학생들과 가보니 한옥지원센터로

한옥지원센터

바뀌어 있었다. 게스트하우스로 되어 있을 때 여기에 왔던 기억이나 인상은, 내가 다녀본 게스트하우스 중에 최고였다는 것이었다. 대지가 넓어 아주 시원했다. 이 집도 1930년대에 세워진 것이라는데 이 근처에는 이만큼 대지가 넓은 한옥을 발견하기가 쉽지 않다.

이 집에 대해서는 전화기를 두드려서 확인해 보면 되겠지만 이 센터가 하는 제일 중요한 기능은 '한옥119출동'이 아닐까 한다. 119출동이라는 제목이 재미있는데 그 이름만 보아도 이 센터가 하는 일이 짐작된다. 한옥에 사는 사람이 전화를 하면 장인이 출동해 점검도 해주고 수리도 해주고 더 나아가 행정지원 절차까지도 알아봐준다는 것이 그

것이다. 참으로 좋은 서비스라 생각되지만 이런 서비스를
받은 주민을 만난 적이 없어 실제로 어떻게 지원되고 있
는지는 잘 알지 못한다. 다만 내가 갔을 때 이 집서 발견한
것으로 특이한 것은 안채에 온돌 모형을 만들어 놓은 것이
었다. 북촌 이 넓은 바닥에서 온돌을 실제로 볼 수 있는 곳
은 거의 없다. 아니 온돌방이 있다고 해도 구들장 내부를
볼 수 있는 것은 아니다. 그에 비해 여기서는 구들장이 놓
인 길을 볼 수 있어 좋다. 그런 면에서 이곳은 온돌에 대해
교육할 수 있는 좋은 곳이라 하겠다.

그런데 이게 진짜 이 집에 있던 온돌인지 아닌지가 궁
금했다. 돌을 봐서는 진짜 온돌 같은데 무언가 이 집의 바
닥과 어울리지 않아서 의문이 들었던 것이다. 그래서 그곳
관계자에게 물었더니 이 온돌이 원래 있던 것은 아니지만
거기 있는 돌은 진짜 온돌의 돌이라고 알려주었다. 교육
상 모형을 만든 것이다.

한국인들이 지금 쓰는 난방법은 온돌이 아니다! 이곳에 오면
학생들에게 온돌에 대해 설명을 하게 되는데 내용은 대체
로 이런 거다. (수업 때는 학생들이 설명하게끔 시키지만 듣다
보면 내용이 부실한 경우가 많아 대개 내가 설명을 마무리한다.)
우선 온돌이 어떤 원리로 난방을 하는가에 대해 일차적으

로 알려준다. 온돌은 다른 여러 난방법과 비교해볼 때 좋은 점이 많다. 경제적이라든가 바닥을 따뜻하게 해 건강에 좋다는 것이 그것인데 한국인들은 온돌의 장단점에 대해 의외로 잘 모르고 있는 것 같다. 그러나 그것으로 끝나면 의미가 없고 반드시 현재의 상황에 대해서도 말해준다. 그 내용은 대체로 이런 거다.

　한국인들은 온돌에 대해 그 과학성이나 효율성에 대해 매우 자랑하고 있지만 사실은 온돌은 거의 사멸된 전통이라 할 수 있다. 왜냐하면 지금 한옥에 사는 사람 가운데 전통적인 온돌법을 사용하고 있는 사람은 거의 없기 때문이다. 이게 무슨 말일까? 진정한 의미에서 온돌이라면 아궁이와 구들이 있고 개자리 같은 더운 연기가 지나가는 장치가 있어야 한다. 그런데 지금 이런 식으로 구들을 놓은 한옥은 거의 없다. 지금 우리가 쓰고 있는 난방법은 단지 바닥 난방법이지 온돌을 사용하는 법이 아니다. 바닥 난방법과 온돌 난방은 분명히 다른 것이다. 그런 의미에서 온돌이 거의 사라졌다고 하는 것이다. 이 정도 말하면 학생들은 조금 놀라는 눈치이다. 한국인이 아직도 온돌에 산다고 생각했는데 그렇지 않다고 하니 말이다. 한옥을 가장 많이 짓는 곳이 사찰이 아닐까 하는데 사찰에서도 대부분 전기로 바닥을 데우는 바닥 난방법을 사용하지 방에 구들장 까

한옥지원센터 별채

는 절은 잘 보지 못했다.

이 온돌이 있는 방 옆에는 사랑방 같은 것이 있는데 예약만 하면 언제든지 사용할 수 있다고 한다. 작은 모임은 얼마든지 가능하다고 하는데 일전에 방문했을 때에 그곳에 있던 직원이 우리에게 홍보를 부탁한다고 말을 걸었던 기억이 난다. 아마 아직도 홍보가 잘 안 되어 있어 사람들의 이용률이 저조한 모양이었다. 장소는 아주 좋은데 사용률이 적은 것은 그 뒤에 있는 별채도 마찬가지인 것 같았다. 이 집의 핵심은 바로 이 별채라고 할 수 있다. 별채는 집 뒤에 있는 작은 언덕 위에 따로 지어놓아 전망이 아주 좋다. 그리고 그 옆의 정원도 좋긴 한데 신경을 써서 가꾼 것이 아니라 방치되어 있는 느낌을 받는다.

이 별채가 더 좋은 것은 그곳을 도서관으로 꾸며놓아 아무나 항시 출입할 수 있다는 것이다. 책도 천여 권이 있다고 하는데 어떤 책이 있는지는 일일이 살펴보지 않았다. 이곳을 도서관으로 만든 의도는 알겠지만 과연 도서관으로 제대로 활용될지에 대해서는 확신이 서지 않았다. 요즘은 전화기에 빠져 책을 멀리 하는 세상이 되었는데 과연 사람들이 이런 곳까지 와서 책을 읽을까 하는 생각 때문이다. 이곳까지 와서 책을 읽는 사람이라면 독서광까지는 아닐지라도 책을 아주 좋아하는 사람일 터인데 그런 사람들이 필요로 하는 책이 있을지 의문이 든다.

초가집도 복원해야! 그런 생각이 잠깐 스치지만 어떻든 이렇게 이런 좋은 건물을 시에서 구입해 시민들이 즐길 수 있는 기회를 주니 얼마나 좋은 일인가? 또 다른 생각도 든다. 이렇게 기와집만 복원하지 말고 초가집도 복원해놓으면 어떨까 하는 생각 말이다. 나는 이전부터 젊은이들에게 초가집을 보여주어야 한다고 주장해왔다. 왜냐하면 과거에 대부분의 선조들이 살던 집은 기와집이 아니라 초가집이었기 때문이다. 내 부친의 고향 마을에도 1960년대에 기와집은 한두 채뿐이었고 대부분이 초가집이었다. 그러니 초가집이야말로 우리들의 집이었던 것이다. 이런 현실을 다음 세대에 알리고 교육해야 하는데 지금은 제대로 만든 초가집을 보기가 힘들다. 어릴 때 보던 초가집다운 초가집을 보지 못했다는 것이다. 요즘은 민속촌 같은 데를 가야 초가집을 구경할 수 있는데 이런 곳에 있는 초가집들은 억지로 만든 것이라 원래 것과 많이 동떨어져 있다. 특히 초가집의 아름다운 자태가 나오지 않는다. 초가집은 연륜을 더할수록 아름다워지는데 지금 억지로 만든 초가집에서는 그런 것을 발견할 수 없다. 사람이 살지 않으니 어쩔 수 없는 노릇이다. 이런 생각들을 학생들에게 전해보지만 그들은 초가에 대한 개념 자체가 없으니 동감하지 못하는 것 같았다. 제대로 된 초가를 본 적이 없으니 내 말에 동의를 해야 할지 말지를 정할 수 없는 것이다.

주변을 맴돌며 다시 큰 길로 나와 계동길을 따라 조금만 올라가면 왼쪽으로 청원산방으로 가는 작은 골목길이 있다. 우리는 그 길로 가기로 한다. 청원산방은 서울시 무형문화재인 심용식 씨가 만든 창호 공방이다. 심 씨는 창호, 그러니까 창과 문을 만드는 소목장으로 무형문화재가 되었다. 이곳은 이 창과 문을 만드는 것을 배우는 사람에게만 개방되어 있어 아무 때나 들어갈 수가 없다. 대신 사진으로만 보았는데 집 안에는 아름다운 창과 문들이 많이 있었다. 한옥은 개방적인 건축인지라 창과 문이 많이 설치된다. 한옥의 건축비가 비싸지는 데에는 이 창호가 많은 것도 한 몫 한다. 잘은 모르지만 이 창호를 만드는 것은 매우 정교한 작업이라 손이 많이 갈 것이다. 그러니 가격이 높을 수밖에 없을 것이다. 한옥은 이 창호 때문에 아름다움과 실용성이 커지는 것이니 창호가 한옥에서 매우 중요한 건축적 요소임을 알 수 있다.

이 집 앞에서는 대체로 이런 말을 하는데 그곳서 창호 만드는 것을 배우기는커녕 집 안에 들어가 보지도 못했으니 더 할 말이 없다. 학생들에게는 '내가 어찌 일일이 다 들어가서 볼 수 있겠느냐'는 핑계를 대고 '너희들은 꼭 예약해서 들어가 보라'고 하면서 다음 행선지로 간다. 이곳을 지나 몇 십 미터만 가면 아주 '뻔떼 없는' 양옥 대문이 하나 나온다. 이곳은 현재(2017년 7월) 박원순 서울시장이 시장 공관으로 사용하는 곳이다. 대지가 200평이고 건평이 120평이라 하니 상당히 넓은 집인 것을 알 수 있다. 지하 1층, 지상 2층이라고 하지만 들어가 볼 수는 없으니 밖에서 보는 것으로 만족해야 하겠다. 박 시장이 이곳까지 오기에는 많은 사연이 있는데 그 복잡한 이야기는 전화기 두들기면 다 나오니 여기서 또 이야기할 필요를 느끼지 못

락고재

한다. 이 앞에 가서 제자들에게 박 시장은 내 고교 동창이
고 내가 미국 유학 갈 때 공항에도 나왔다고 하고 부인도
잘 안다고 하면 대개들 믿지 않는 눈치이다. 같은 학교를
나왔는데 한 사람은 일개 서생에 불과하고 한 사람은 한성
판윤을 지내고 있으니 믿을 수 없다는 것 같았다. 그래서
나는 시장이야 임기가 있지만 교수는 평생 해'먹을' 수 있
지 않느냐고 항변해보았는데 내 말이 그리 먹혀 들어가는
것 같지 않았다.

　　락고재 앞에서 한국사를 논하다　이 공관 바로 앞에는 락고
재라는 호텔 급의 게스트하우스가 있다. 이 집은 원래 한

국 국사학계의 대원로인 이병도 선생이 살던 집이었다고 한다. 그것을 개조하여 이렇게 게스트하우스로 만든 것이다. 이 집 문 바로 앞에는 이곳이 진단학회가 시작된 자리라고 밝혀 놓은 표지석이 있다. 진단학회라는 것은 젊은 세대들은 잘 모르겠지만 1970년대에 대학서 (한국)사학을 전공했던 내게는 꽤 친숙한 학술 단체이다. 이 학회는 1934년에 이병도 선생을 중심으로 한국학자들만 참여하면서 시작됐는데 초기에 이 집을 사무소로 쓴 모양이다. 진단이란 말은 과거에 우리나라를 지칭하던 말로서 진(震)은 중국의 동쪽을 뜻하고 단(檀)은 단군을 뜻한다.

단어의 뜻이 이러하니 이 학회는 한국의 역사나 언어, 문학 같은 것을 연구하는 학회라 할 수 있겠다. 뿐만 아니라 한국사와 연관되는 동아시아 역사도 같이 다루고 있어 그 연구의 폭이 넓었음을 알 수 있다. 이 학회가 지향하던 학문의 방향을 보면 현대에는 한국학과 그 성격이 일치한다. 한국학은 문사철, 즉 한국의 문학과 역사와 철학을 주로 연구하는 학문이니 그렇게 볼 수 있겠다. 이 학회는 "진단학보"라는 이름으로 학술지를 간행했는데 이는 한국어로 된 최초의 학술지라는 평가를 받는다. 이들의 연구가 지닌 의의를 말한다면 당시에 한국학 연구를 일본학자들과는 달리 한국학자의 시각에서 다룬 것이라고 할 수 있을

락고재 앞에 세워진 진단학회 창립 터 표지석

것이다.

이러한 경향 때문에 이 학회는 1940년대 초에 일제 당
국에 의해 강제 해산을 당한다. 물론 해방이 된 뒤에 이 학
회는 다시 시작한다. 이 학회의 의미는 당시 참여했던 학
자들이 대학에 적을 두고 한국학 학계를 이끌고 나갔다는
데에 둘 수 있을 것이다. 그러나 1980년대 이후에 이 학회
의 연구 성과는 젊은 학자들에 의해 일본학자들이 주장한
식민사학을 벗어나지 못했다는 혹독한 비판을 받았다. 특
히 이병도나 신석호 같은 최초 멤버들이 일제 때 조선총독
부가 관장한 조선사편수회에서 가담한 전력이 있어 그들
과 그들의 연구에 대한 비판의 강도가 자못 강했다.

나는 대학에서 이병도 선생의 수제자인 이기백 선생에게서 한국사를 배웠고 선생의 지도하에 학부 졸업논문도 썼는데 그게 벌써 40년 전 일이라 당시 기억이 가물가물하다. 그때에는 아직 이병도 선생의 학설에 대한 비판이 본격적으로 나오기 전이라 그가 어떤 비판을 받았는지는 정확하게 생각나지 않는다. 내가 계속해서 국사학을 전공했으면 사정을 확실하게 알았겠지만 그 뒤 나는 전공을 종교학으로 바꿔 미국으로 떠났으니 그 뒤의 사정은 잘 모른다. 조금 신경을 썼으면 그 논쟁의 전모를 알 수 있었겠지만 국사학계의 논쟁에 말려들어가기 싫어 방관만 했으니 모를 뿐이다. 그러나 이러한 사정을 제대로 모르면서 이병도 선생을 무조건 친일 성향의 야비한 학자로 모는 것은 삼갈 일이다. 특히 국사에 그다지 밝지 못한 일반인들이 제한된 정보만 접하고 무조건 이병도 선생을 내려치는 것은 바람직하지 않다. 그를 비판하려면 그의 저작이나 논문을 다 읽고 해야 한다. 내가 그를 비판을 하거나 두둔하지 않는 것은 그의 저작이나 그를 비판한 글들을 다 보지 않았기 때문이다.

락고재는 초기에 등장한 한옥 여관   지금도 이어지고 있는 식민사학에 대한 논쟁은 뒤로 하고 이 락고재에 대해서나

락고재 내부

보기로 하자. 그런데 내가 여기서 숙박한 경험이 없으니 유달리 설명할 것은 없다. '락고'란 옛날을 즐긴다고 해석할 수 있는데 일설에는 '옛 선비의 풍류를 즐긴다'는 의미를 갖고 있다고 한다. 이곳의 홈페이지에는 락고재가 '옛것을 누리는 맑고 편안한 마음이 절로 드는 곳'이라고 적혀 있는데 원래의 뜻을 훨씬 더 확대해석한 것 같다.

조사해보니까 이 집은 140년의 역사를 지녔다고 한다. 이것을 2003년에 안영환이라는 분이 매입해 개수해서 아주 고급의 게스트하우스로 만들었다. 안영환 씨도 사연이 많은 분인데 그것을 다 소개할 수는 없다. 1992년 이후에 여러 음식점을 경영하다가 어쩌다 외국인들에게 한옥을 중심으로 하는 양반 문화를 체험하는 일을 하게 되었단다. 당시만 해도 마땅한 한옥이 없어 지방의 고택을 이용한 모양이다. 그런데 당시에 지방의 한옥이라는 것은 시설이 너무나 낙후해 고충이 많았다고 한다. 충분히 예상할 수 있는 것처럼 화장실이나 욕실, 침구 등이 모두 불편했을 것이다. 그래서 안영환 씨는 이런 것을 모두 해결할 수 있는 자신만의 거점 공간이 절실했을 것이다. 그러던 중 이 집이 매물로 나온 정보를 접했는데 이때는 벌써 이 집이 업자에게 팔린 뒤였다. 그러나 그는 실망하지 않고 업자를 설득하여 이 집을 구입했고 지금과 같은 멋진 집을 만들었다.

이때 개수를 담당한 사람은 충남(서천)의 무형문화재인 정영진 선생이었다. 1921년생인 이 분은 지금은 돌아가셨지만 생전에는 전국에 몇 안 되는 대목장이었다고 한다. 해인사의 장경판전이나 경복궁의 회랑, 법주사의 팔상전 같은 전국에 있는 많은 고옥들을 수리했는데 익선동을 다룰 때 잠깐 언급했던 운현궁 역시 바로 이 분이 1990년대 중반에 개수한 것이라고 한다. 이런 분이 낙고재를 개수했으니 정통적인 방법으로 했을 것으로 믿는다. 그러나 건물 안에 들어가서 꼼꼼히 확인해보지 않았으니 무엇이라고 말할 수 없겠다. 내가 북촌을 답사 다니던 초기에는 이 집을 들어가서 구경을 하기도 했는데 언제부터인가 외부인의 출입을 금해 그 뒤로는 들어가지 못했다. 그래서 지금은 단지 이곳을 다녀간 사람들이 인터넷에 올려놓은 사진이나 체험담, 그리고 영화나 TV 프로그램에 나온 것을 통해서만 그 안을 볼 수 있을 뿐이다.

한옥 여관을 다시 생각하며   이런 집을 볼 때마다 드는 생각은 한옥 여관에 관한 것이다. 나는 1990년대부터 한옥 여관의 필요성에 대해 역설하고 다녔다. 그 이유는 간단하다. 우리가 다른 나라에 가면 그 나라 특유의 것을 보고 싶어 하는 법이니 한국에 온 외국인들도 같은 생각을 할 것이다. 그럴 때 한옥에서의 숙박은 한국 문화를 체험하는 장을 제공할 수 있을 것이다. 그러니 좋은 관광 상품이 아닐 수 없다. 한국은 전 세계에서 아주 드물게 바닥 난방을 고수하고 있으니 한국에 왔을 때 그 뜨뜻한 바닥 체험을 하는 것은 분명 사람들의 인기를 사로잡을 것이라고 생각했다. 다만 화장실이나 샤워실 등이 불편하다는 지적이 있지만 그것은 해결하기에 그다지 어려운 문제가 아니다. 나는 이런 구상이 충분히 실현 가능할 것이라고 생각했다. 왜냐하면 일본에서 이미 전통 여관[旅館, 료칸]을 가지고 관광에서 큰 성공을 거두었기 때문이다.

그런데 그때에는 한국에 진정한 의미에서 전통적인 여

옮기기 전 운당여관 본채 사진과 대문 사진(한국기원제공)

이전된 운당여관

관이 거의 없었다. 당시는 한국인들이 아직 한국 문화에 대한 관심이 적어서 전통 여관을 시작할 생각을 미처 하지 못하고 있었던 것이다. 그러나 아주 없었던 것은 아니고 창덕궁 앞에 운당(雲堂) 여관이라는 곳이 있었다. 판소리 명창인 박귀희 선생이 운영하던 곳이었는데 안타깝게도 나는 이곳을 가본 적이 없다. 왜냐하면 1989년까지만 운영되다가 다른 곳으로 이전되었기 때문이다. 그 자리에 가면 지금은 오피스텔이 있다. 그런데 다행인 것은 이 건물의 일부가 경기도 남양주에 있는 서울영화종합촬영소로 이전되어 세트로 활용되고 있다는 것이다. 이 이야기는 당시 이 건물을 이전할 때 주도적인 역할을 한 김동호 선생께 직접 들은 이야기이다.

내가 뜻하지 않게 과거 정권에서 만든 문화융성위원회라는 곳에서 활동(?)할 때 위원장인 선생을 만날 수 있었는데 이 이야기는 그분이 내게 직접 전해주었다. 이 여관은 특히 바둑 두는 이들에게 의미가 많은 모양이다. 조훈현이나 서봉수 같은 한국 바둑의 1인자들이 참가한 큰 대국이 이곳에서 이루어졌으니 말이다. 이런 이야기를 하는 것은 이렇게 우리가 그나마 있던 한국 전통 여관을 없애던 시절에 안영환 씨 같은 분이 한옥 여관 만드는 일에 선도적인 역할을 했다는 것을 말하기 위함이다. 그러니 안 선생의 혜안이 다시금 돋보인다.

이 락고재에서 20~30m만 가면 오른 쪽에 작은 골목이 있고 그 끝에는 소설이라는 술집이 있었다. 2017년 2월까지 있었으니 최근에 사라진 곳이다. 이 술집은 문화예술인들이 많이 드나들었던 모양이다. 이 술집과 연관된 에피소드가 있다. 예를 들면 홍상수 감독이 이곳을 중심으로 '북촌 방향'이라는 영화를 찍은 것이 그것이다. 나는 이 술집에도 한두 번 가보고 이 영화도 보았는데 이 영화의 배경으로 이 집이 잘 맞는 것 같았다. 영화를 보면 등장인물들이 이 술집에 앉아 이야기하는 장면이 많이 나온다. 내 기억으로는 유준상이나 김상중, 김보경 같은 배우들이 이 술

한씨 가옥 정문

집에 앉아 이야기하고 그 근처를 배회했던 것 같다. 홍 감독의 다른 영화도 이런 장면이 많은데 처음에는 무슨 영화가 이런가 하는 생각이 들었다. 멋있는 장면은 하나도 안 나오고 배우들이 그저 앉아서 노상 이야기하는 것만 찍으니 그런 생각이 든 것이다. 그런데 다시 생각해 보면 '뭐 사는 게 그런 거 아닌가? 영화가 사는 것을 담는 거라면 이런 것이 정상이 아닌가' 하는 생각이 들었다. 그러나 그의 영화는 단숨에 보기 힘들어 며칠 동안 천천히 보았던 기억이 있다. 사건이 신속하게 전개되어야 그 다음이 궁금하고 결말을 알고 싶어 영화를 계속 보는 것인데 홍 감독의 영화는 그런 게 없기 때문에 계속해서 볼 이유가 없었던 것 같다.

친일과 독립운동이 교차하는 북촌

미스터리 가옥 - 한씨 가옥   그곳서는 그 정도하고 큰길, 그러니까 북촌로로 나와 다시 위로 올라가보자. 골목을 두개 정도 지나면 정체가 무엇인지 알 수 없는 한옥 정문 하나가 보인다. 꽤 큰 대문이라 그곳을 지나면서 노상 대체이 집이 누구 집일까 궁금했는데 안내판이 없어 알 도리가 없었다. 그러다 이번에 학생들과 답사 수업을 하면서 그 실체를 알게 되었다. 이 집은 보통 '가회동 한씨 가옥'(서울시 민속자료 14호)이라 불리는데 이 북촌 일대에 남아 있는 몇 안 되는 대형 한옥이다. 몇 안 된다는 것은 이렇게 큰 한옥으로는 윤보선 가와 백인제 가와 이 집밖에 없기 때문이다.

이렇게 보면 북촌에 고관대작들이 살았던 집이 있다는 통속적인 설명이 얼마나 허황된 것인지 알 수 있다. 고관대작이 살았던 집은 3채밖에 없으니 말이다. 그나마 전통 한옥은 윤보선 가뿐이고 나머지는 퓨전 한옥이니 진짜 대형 한옥은 1채밖에 안 남는 것이 된다. 이 집은 대지가 1100여 평 정도이고 건평이 600평에 가깝다고 하는 것을 보면 큰 집임에 틀림없다.

이 집이 한 씨 가옥으로 불리는 이유는 일제기에 대표적인 친일파였던 한상룡(1880~1947)이 살았던 집이기 때문이

백인제 가옥

다. 그렇다고 그가 이 집을 지은 것은 아니고 1928년 이 집으로 이사 오면서 원래 있던 집을 대대적으로 개수한 모양이다. 풍문에 따르면 이 집은 정조 때 병조판서를 지냈던 최주보라는 사람이 자신의 첩인 한 씨에게 지어준 것이라는데 한상룡이 이것을 인수해 서양식과 일본식을 가미해수리한 것이라고 한다. 그런데 정조 대에는 최주보라는 병조판서가 존재하지 않으니 풍문은 믿을 게 못된다. 어떻든 여기서 중요한 것은 이 집은 한상룡이 지은 것이 아니고 원래부터 이 자리에 있었다는 것이다.

　한상룡은 이완용의 외조카인데 이등 박문의 장례식 때에도 민간 대표로 참가했다고 하니 친일파 중에서도 수위에 속한다고 하겠다. 그의 친일행각은 너무도 잘 알려져 있어 재론할 필요가 없겠다. 당시에 친일파면 누구나 하는 일을 도맡아 했기 때문이다. 어떤 이는 을사오적 다음으로 친일한 분자를 꼽으려면 한이 여기에 속할 것이라고 할 정도로 한의 친일 행적은 남달랐다. 그런 그는 유력한 친일파답게 당시 주요 은행인 한성은행을 이끄는 지위(전무 등)에 있었다. 그런 그가 살았던 집이 바로 이 집이다. 사실 이 집은 서(西) 북촌에 있는 백인제 가옥과 같이 설명해야 한다. 그 이유는 한이 그 집에 살다가 이 집으로 이사왔기 때문이다. 그러나 그 집에 대해서는 그쪽 지역을 다룰 때 다루기로 하겠다.

한이 이 집으로 오게 된 배경은 이러하다. 한은 원래 1913년(1915년이라는 설도 있음)에 백인제 가를 짓고 그 집에서 1928년까지 살았다. 그는 이 집에서 당시 한국을 거쳐 간 일본 총독 등 주요 인물을 초치해 잔치를 많이 했다고 한다. 이 집은 지금 보아도 어느 것 하나 손색이 없을 정도로 최고의 가옥임을 알 수 있다. 집의 위치나 그 구조, 그리고 자재 등이 최고로 보인다. 이 집에 대한 것은 나중에 그 지역에 갔을 때 자세히 보기로 하는데 이 집은 서울시가 개수하여 무료로 개방하고 있으니 접근하기가 매우 쉽다. 그런 점에서 이 집은 서(西) 북촌의 본좌 같은 집이라 할 수 있다. 최고라는 것이다. 물론 윤보선가도 있지만 그 집은 안에 들어갈 수가 없기 때문에 답사객들에게는 별 의미가 없다고 할 수 있다. 그러나 이 집은 아무 때나 들어가 볼 수 있으니 얼마나 좋은가? 게다가 예약을 하면 해설과 함께 가옥 내부도 다 둘러볼 수 있으니 더할 나위 없이 좋다.

이렇듯 백인제 가에 대해서는 설명할 게 많다. 그래서 본격적인 설명은 그 지역을 다룰 때 보자고 한 것인데 어쩌다 또 설명이 길어졌다. 백인제 가에 대한 설명은 예서 마치고 다시 우리의 주제로 돌아가자. 한이 이 집으로 이사하게 된 배경 설명으로 다시 돌아가면, 1920년대에 들어 한성은행은 무리한 확장을 단행하다 경영난에 빠지게 되었다고 한다. 한은 이 은행의 경영을 맡고 있었기 때문에 책임을 지지 않을 수 없었다. 그가 할 수 있는 일은 이 집(백인제 가)을 담보로 해서 돈을 빌리는 일이었다. 그렇게 해서 그가 이 은행의 경영난을 얼마나 타개했는지는 모르겠다. 우리에게 중요한 사실은 그 일로 인해 그가 이사한 곳이 바로 지금 우리가 보고 있는 한 씨 가옥이라는 것이다. 이사한 게 1928년이었고 한은 해방될 때까지 그 집에서 살았다.

그런데 이 집은 규모가 백인제 가보다는 조금 작지만 여전히 대단히 큰 집이다. 사람들이 빚 때문에 집을 팔고 이

사를 가면 보통 원래 집보다 훨씬 작고 안 좋은 집으로 가는 법인데 한은 별로 타격을 받지 않은 모양이다. 거의 비슷한 규모의 집으로 이사 갔으니 말이다. 그래서 한이 행한 대출 사건의 내막이 궁금해지는데 지금의 정보로는 그가 무슨 술수를 폈는지 알 수 없다. 어떻든 그런 그는 1947년에 죽고 그 다음부터 이 집은 산업은행이나 동양그룹 등으로 소유권이 넘어갔는데 현재는 2015년에 한 개인이 사서 보유하고 있다. 회사가 이 집을 소유하고 있을 때에는 이 회사들의 직원들을 위한 MT나 OT 장소로 이 집을 활용했다고 한다.

전통 한옥의 퓨전 양식인 한 씨 가옥 그런데 문제는 이 집이 개방되어 있지 않아 어떻게 생겼는지를 잘 모른다는 것이다. 사진도 한두 장밖에 없고 그것도 외부 모습만 나와 있으니 이 집의 내부 모습은 제대로 알 수 없다. 그래서 인터넷에서 검색을 해보면 예의 건축학적인 설명만 있어 하등 도움이 안 된다. 건축 전공자들이 쓴 논문은 너무 전문적이라 여기서 소개할 필요를 느끼지 못한다.[8] 그런 설명은

8) 이 가옥에 대한 논문에는 다음과 같은 것이 있다.
박상욱(2013), "한상룡 가옥과 유진경 가옥에 나타난 계획 요소의 비교 연구", 한국예술종합학교 석사학위 논문.

현장에서 들어도 잘 이해가 안 되는데 아무 사진도 없이 글로만 읽어보면 완전히 외계어처럼 들린다. 사실 비전공자인 우리가 이 집의 구조를 자세하게 알 필요는 없다. 그것은 건축 전공자들에게나 관심거리가 되는 일이다. 우리들은 세세한 양식에 대한 것보다 이 집의 구조가 대체로 어떤 특징을 갖고 있는가를 살피면 되겠다는 생각이다.

우선 구조를 보면 본채 정면에는 지붕을 돌출시켜서 현관을 만들었는데 이것은 서양식 포치(porch)를 본 떠 만든 것이다. 그리고 현관에서 대청까지 긴 복도가 있고 여기에 방들이 어긋나게 붙어 있단다. 그리고 그 외곽을 마루로 돌렸다는데 이것은 일본 주택의 영향을 받은 것이라고 한다. 그러니까 한 마디로 말해 이 집은 한옥의 양식과 일본 양식, 그리고 서양 양식을 섞어서 만든 퓨전 건축이라고 할 수 있다.

집에 들어갈 수 없으니 건축에 대한 설명은 더 이상 할 길이 없다. 집에 대한 설명은 그 정도면 됐고 이 집을 부분적으로라도 볼 수 있는 장소를 하나 알려줄까 한다. 나는 그 방법에 대해 엄두도 못 내고 있었는데 기민한 학생들이 찾아내고 말았다. 이 집을 힐끗이라도 볼 방도가 있는 것이다. 이것을 말로 설명하기가 쉽지 않은데 그래도 시도해 보자. 이 집 담을 따라 골목 안으로 들어가면 커피집이 있

한 씨 가옥 내부

고 그 옆에 기단을 쌓아 놓은 곳이 있다. 그 위에는 나무
한 그루가 있다. 그래서 그 기단 위로 올라가면 이 집의 지
붕들이 보인다. 그러나 지붕의 윗면만 보일 뿐 더 이상은
보이지 않는다. 그 상태에서 그 집 사진을 찍고 있었는데
한 학생이 사라졌다. 이 친구가 어디 갔나 하고 둘러보니
옆에 있는 다세대 주택 3층으로 올라간 것이다. 한 씨 가를
더 자세히 보겠다고 '무뎁보'로 올라가 있었다. 나는 그곳
이 남의 집이라 들어갈 엄두가 나지 않았다. 그래서 학생
들만 들어가 사진을 찍었는데 이 방법은 다른 사람의 집에
들어가는 것이라 추천하고 싶지 않다.

정주영 회장 집이 여기에? 이곳을 이렇게 보다가 이 길(북촌로 8길)을 따라 조금만 더 올라가자. 그러면 굉장히 큰 집이 나온다. 축대와 담이 높아서 그 안은 전혀 보이지 않는다. 궁금증이 생기면 참지 못하는 법. 그래서 학생들을 시켜 근처 가게 같은 데에 들어가서 물어보게 했다. 그런데 놀랍게도 그곳이 현대 그룹의 정주영 회장이 살던 집이라는 증언이 나왔다. 정 회장이 매일 걸어서 현대 사옥에 출근했다고 하더니 바로 이 집에서 걸어 다녔구나 하는 생각이 스쳤다. 그래서 한 건 낚은 줄 알았다. 그런데 다른 이에게 물어보니 그렇지 않다고도 해 이상하다 생각되어 학생들에게 다시 조사를 시켜보았다. 그랬더니 이 집은 정주영가가 아니라 '우종관 주택'이라고 불리고 있었다. 건축 역사는 90년 정도 가 되는데 그 동안 소유주가 많이 바뀐 것을 알 수 있었다. 그 소유주 가운데 정 회장도 있어서 그가 여기서 살았다고 할 수 있지만 그 기간이 너무 짧아 그의 집이라고 하기는 무리였다. 정 회장이 여기서 산 기간은 1달 남짓이라니 너무 짧은 것이다. 그래서 주민들의 의견이 갈린 것이다.

이 집은 처음에 우종관이 일본인 건축가인 에지마 키요시에게 의뢰해 1928년에 지었다고 한다. 대지가 700평이 조금 넘고 지하 1층, 지상 3층의 대단히 규모 있는 집이다.

정주영 회장이 잠시 살았던 집 대문

그러다 그 유명한 화신백화점의 주인인 박흥식이 1932년
부터 살기 시작해서 박흥식 가옥으로 불리기도 했다. 박흥
식이 1988년 세상을 떠나자 이 집은 그 해에 다른 사람에
게 팔렸고 정주영은 바로 이 사람한테서 2000년에 55억
원을 지불하고 이 집을 사들인다. 이렇게 소유권이 자꾸
바뀐 것은 이 집의 터가 명당이라는 소문이 난 때문이라
는 설이 있는데 왜 명당이 되었는지는 잘 모르겠다. 신문
기사를 보니까 그 집에서 보면 청와대도 보이고 현대 건
설 사옥도 보이는 등 전망이 아주 좋다고 한다. 그래서 명
당이라고 하는 모양이다. 그런데 정주영은 이 집에서 오래
살지 못했다. 이 집에 입주했다가 아들들이 마찰을 일으켜

다시 원래 살던 청운동 자택으로 돌아갔으니 말이다. 그 1년 뒤에 그는 타계하니 어떻든 그와 이 집은 인연이 없는 것이다. 2003년에는 약 2년 간 한보그룹의 정태수 회장이 전세로 살았다고 하니 재계 인사들이 이 집을 선호한 모양이다. 지금은 시세가 400억 원대라고 하니 엄청나게 비싼 저택인 것을 알 수 있다.

이 집의 구조에 대해서는 언급할 필요를 느끼지 못한다. 왜냐하면 이 집은 들어갈 수도, 볼 수도 없으니 그런 것에 대해 말하는 것은 의미가 없기 때문이다. 방금 전에 본 한씨 가옥은 억지로라도 볼 수 있었지만 이 집은 담이 하도 높아 어디서도 보이지 않는다. 그리고 이 집은 주인이 바뀌면서 구조가 자주 바뀌었다고 한다. 박흥식이 1943년에 바꾸기 시작해 그 뒤에도 같은 일이 계속되어 초기의 모습이 많이 달라져 있는 모양이다. 그러니 우리는 이 집에 대해 더 이상 관심을 갖지 말고 바로 그 옆집을 보자.

바로 옆에 있는 집은 보통 가회 한옥체험관으로 불리는데 이곳은 쉽게 말해 게스트하우스다. 이 집은 1박 2일 같은 TV 프로그램에 나오면서 유명해졌다. 이 집에 대한 자세한 내용은 검색하면 다 나오니 여기서는 생략한다. 게스트하우스로서 이 집의 특색은 주차장이 있다는 것이다. 북촌에 있는 게스트하우스들은 주차장을 제대로 갖춘 집이 별로 없다. 이 집은 집 앞쪽에 널따란 주차장이 있다는 게 이채롭다. 그리고 집으로 들어가는 길에 심어 놓은 대나무도 보기 좋다. 답사 갔을 때 보니 대문이 굳게 닫혀 있어 집 안을 살펴볼 수 없었다.

집 안은 인터넷 상에 있는 사진으로 보기로 하는데 대문 옆이나 그 근처에 눈에 조금 거슬리는 것이 있었다. 수도 호스가 다발로 있고 전기 시설 등이 어지럽게 되어 있어 보기가 안 좋았다. 나는 그때 학생들에게 외국인들이 이 집이 전통 한옥이라고 해서 왔는데 이런 게 보이면 실망할 거라고 말해주었는데 알아 들었는지 모르겠다. 그리고 일본이라면 절대로 전통 여관의 세부를 이런 식으로 투박하게 만들어놓지 않을 것이라고 첨언했다. 이 집만 그런 것이 아니고 이 지역에 있는 대부분의 게스트하우스가 세부적인 부분이 어설픈 것을 알 수 있다. 확실히 우리는 아직도 세부적인 것에 약하다.

3.1 운동이 모의된 역사적인 곳에 서서　그곳에서 다시 계동길 쪽으로 가자. 그러면 감리교회가 하나 나오는데 이 교회의 건물도 꽤 오래 되어 보인다. 잘 찾아보니 1970년에 지었다고 쓰여 있는 정초석을 발견할 수 있었다. 그러니까 이 건물도 거의 50년이 다 된 것이다. 이 건물을 보면 50

년 전에 건물을 어떻게 지었는지를 알 수 있다. 세련되지 않았지만 지금은 외려 그게 매력으로 보인다. 그러나 우리의 관심은 이 건물보다는 건너편에 있는 양옥집이다.

이 집터에는 원래 김사용이라는 사람의 집이 있었는데 이 집은 3.1 운동을 모사할 때 천도교 대표와 기독교 대표가 첫 번째로 만난 장소라 의미가 있다. 원래는 선조 때 영의정을 지낸 이준경이 여기에 살았다고 하는데 그게 어떻게 하다 김사용의 손으로 들어왔는지는 잘 모르겠다. 이 김사용의 집터는 상당히 커서 현재 김성수 고택과 그 옆에 있는 원파 고택, 그리고 이 양옥집이 모두 그 집에 포함되어 있었다고 한다. 김성수는 1918년부터 바로 이 집을 숙소로 쓰고 있었다고 한다. 그러다 나중에 이 집 뒤에 독자적으로 자신의 집과 백부인 김기중의 집을 마련하게 된다.

이 집에서 김성수 등이 기독교계 인사와 만나게 된 과정을 간단하게 보면 이렇다. 3.1 운동의 거사를 위해 김성수와 최린, 송진우, 최남선 등은 2월부터 최린 집(재동)이나 이 김사용 집, 그리고 중앙고보 숙직실 등에서 논의를 했다. 원래 이들은 민족대표로 박영효, 한규설 같은 대한제국 출신의 고위정치인을 내세우려했으나 그 작업이 여의치 않아 기독교계를 끌어들이기로 결정한다. 이를 위해 최남선이 평양에 있는 이승훈 목사에게 편지를 썼고 이 편지

김사용 집터

를 받은 이승훈은 바로 서울로 올라왔다. 이승훈이 최남선을 대신해 나온 중앙고보의 교장인 송진우를 만난 게 바로 이 김성수 숙소이었다고 한다. 여기에서 기독교계가 천도교 측의 제의를 받아들여 3.1 운동이 범종교적으로 일어날 수 있게 된 것이다. 그런 면에서 이 집의 의미가 큰 것인데 그 집은 완전히 없어지고 사진처럼 양옥이 들어서 있으니 세월무상이라 하겠다.

3.1 운동의 주역은 누구일까   이 장소에 대한 설명은 보통 이렇게 진행되는데 이것을 들은 학생들은 별 의문을 갖지 않는다. 그럴 때 나는 힐난하듯 3.1 운동의 주체를 바로

이해해야 한다고 밀어붙이곤 했다. 왜냐하면 보통 교과서에는 3.1운동이 종교들이 연합해 일으킨 것으로 설명하면서 천도교와 기독교(개신교)가 똑같이 합심해서 도모한 것처럼 기술되어 있기 때문이다. 그러나 바로 이 집에서 일어난 사건의 양상을 보면 알 수 있듯이 3.1 운동은 천도교가 시작했고 그 뒤에도 계속해서 주도권은 천도교 측에 있었다. 이런 일이 가능했던 것은, 당시 천도교는 지금의 그리스도교(개신교과 천주교)처럼 한국 사회를 이끄는 메이저(major) 종교였기 때문이다. 이 시기에 천도교는 조직이나 재정, 신도 수 등 모든 면에서 다른 종교들을 압도하고 있었다. 그래서 3.1 운동도 천도교의 조직과 재정에 힘입어 전국적으로 치를 수 있었다.

이것을 잊어서는 안 되는데 이 사실은 아직도 그리 많이 알려져 있지 않다. 천도교 측 주장에 따르면, 이때 이승훈에게 거사를 같이 하자고 하니 이 목사는 곧 찬동을 표했다. 그런데 이 목사는 당연히 이 거족적인 운동에 참여 하고 싶지만 돈이 없다고 하소연을 했단다. 그 소식을 들은 천도교 교단 측은 선뜻 당시 돈 5천 원을 기독교 측에 빌려주었다고 한다. 이 말이 사실이라면 3.1 운동은 철저하게 천도교의 주도 하에 일어난 것이 된다.

이 주제에 대해 할 말이 더 많지만 내가 다른 책(『한국의 종교, 문화로 읽는다』 2권)에서 자세하게 밝혔으니 여기서 상론할 필요가 없겠다. 이 사실은 내가 기회가 있을 때마다 강조하는데 그 이유는 조금 다른 데 있다. 즉 한국인이 세운 종교도 이 사회를 리드한 적이 있다는 것을 알려주려는 속셈이 그것이다. 지금 한국 종교계를 보면 불교나 천도교 같은 전통 종교들은 서양에서 들어온 종교들에 비해 그 세가 상대가 되지 않는다. 현재 한국의 오피니언 리더들은 만일 그가 만일 종교를 갖고 있다면 대부분 서양 종교를 신봉하고 있는 것처럼 보인다. 개신교 장로 출신의 대통령도 여럿 있었고 국회의원의 반 이상이 서양 종교를 신봉하고 있는 모습을 보면 한국 사회의 종교 성향 혹은 편향성을 알 수 있다.

이 때문에 사람들은 서양 종교가 과거에도 한국 사회를 리드했을 것이라고 생각하는데 그것은 사실이 아니다. 이전의 상황이 결코 그렇지 않았다는 것은 바로 이 장소에서 알 수 있다. 일제기 같은 과거에는 우리 종교인 천도교가 사회를 리드했던 것이다. 그런 사실을 보여주는 옛집은 완전히 사라져서 지금은 아무 것도 남아 있지 않다. 그러나 이런 장소에 와서 역사적인 사건을 곱씹으며 우리의 과거를 재해석할 수 있으니 좋은 것이다.

김성수 고택을 찾아서   그런데 이곳은 길가이기 때문에
서서 오래 이야기할 수가 없다. 그래서 보통은 교회 앞에
서 충분히 이야기하고 그 다음으로 가는데 그 다음 행선
지는 바로 옆에 붙어 있는 김성수 고택이다. 이 가옥은 현
재 인촌기념관으로 사용하고 있지만 사람이 살고 있어 들
어갈 수가 없다. 그런데 이곳을 처음 온 사람은 혼란에 휩
싸일 수 있다. 왜냐하면 이 김성수 고택과 비슷한 집이 또
있기 때문이다. 이 집으로 가려면 교회에서 조금 내려와
야 한다. 조금만 가면 왼쪽에 골목이 있는데 이 안으로 들
어가면 웬 한옥 정문이 하나 있는 것을 발견할 수 있다. 그
현판에는 원파선생구거(圓坡先生舊居)라고 쓰여 있어 원파
라는 분이 살던 집이라는 것은 알겠는데 더 이상의 정보를
찾을 수 없다.

내가 처음에 이 지역을 다닐 때에는 이 문 앞에 안내판
이 없어 도대체 원파라는 분이 누구인지 알 수 없었다. 이
집은 이 집에 바로 붙어 있는 김성수 고택과 연관해서 보
아야 이해할 수 있다. 김성수 고택은 계동길을 조금 더 올
라가 다음 골목으로 들어가면 만날 수 있다. 이 두 집이 붙
어 있지만 대문은 완전히 다른 데로 나 있어 양가가 분리
되어 있는 것을 알 수 있다.

원파는 김성수의 맏아버지(백부)인 김기중을 말한다. 김

원파 고택 정문(위) 및 내부 모습(아래)

인촌 김성수 집 대문

성수의 친부는 김경중이라는 분으로 원파의 동생이 된다.
김성수는 김경중의 넷째 아들로 태어났지만 아들이 없었
던 백부의 양자로 들어가게 된다. 이런 일은 과거에 종종
있었다. 이 앞에서 나는 학생들에게 다음과 같은 질문을
던진다. 김기중 같은 경우 아들이 없으면 그냥 살지 왜 양
자를 들였을까, 그리고 그 양자도 다른 사람이 아니라 동
생의 아들을 취했을까 하는 질문 말이다. 그러면 몇 년 같
이 공부한 제자들은 귀동냥이 있어 곧 질문의 의미를 알고
답을 한다. 답은 충분히 예상할 수 있는 것처럼 제사를 받
들기 위해서이다. 제사는 반드시 장남 집에서 지내야 하는
데 장남 집에 아들이 없으면 이런 식으로 동생의 아들을

원파 고택 내부

양자로 들이는 것이다. 이것은 가부장제가 강했던 이전에 종종 있었던 일이다. 그런데 이때 그저 형식적으로만 양자를 삼는 것이 아니라 이 양자에게도 유산 상속을 해주어야 하는 등 의무가 적지 않다. 제사를 지내려면 아무래도 돈이 들어가기 때문에 어쩔 수 없는 일이었을 것이다. 어떻든 이렇게 해서 이 두 사람은 인위적으로 부자 인연을 맺었는데 육체적으로 직접적인 인연이 있었던 것은 아니지만 영혼적으로 김성수는 백부와 더 가까운 사이가 된다. 김기중이 김성수가 하던 교육사업이나 계몽 사업을 적극적으로 후원했기 때문이다. 그 대표적인 예가 중앙고등학교를 인수해서 명문 고등학교로 만든 것이다.

김성수는 여러 사업을 했지만 그 중에 교육 사업은 가장 중요한 것이었다고 할 수 있겠다. 그는 민족의 장래를 위해서는 교육 사업이 중요하다고 생각해 학교를 세워 후손들을 가르치고 싶어 했다. 그러나 총독부가 허가를 내주지 않아 학교를 세우려는 그의 시도는 번번이 무산되었다. 그러던 차에 1915년 중앙학교가 재정에 문제가 있어 그에게 운영을 맡아달라고 부탁했다. 그렇지 않아도 교육 사업을 하고 싶었던 그는 곧 그 제의를 수락했지만 부모들이 반대를 했단다. 그런데 다행히 양부가 그의 뜻에 동의하고 후원을 해주어 드디어 중앙학교를 인수하게 된다. 그때 그는 초대 교장직을 맡게 되는데 이 덕에 그의 동상이 지금 중앙고에 세워져 있다. 학교로 들어서자마자 본관 앞에서 만나게 되는 동상이 그것이다.

이 학교에는 그의 동상만 있는 것이 아니다. 본관 뒤로 가면 동관과 서관 사이에 김기중의 동상도 있는데 이것을 통해 보면 이 학교가 설립될 때 김기중의 역할이 얼마나 컸는지 알 수 있다. 이런 것 때문에 앞에서 김성수와 김기중이 영적으로 가까운 사이가 아니었겠냐고 한 것이다. 이것은 이 두 분의 집이 붙어 있는 것으로도 알 수 있다. 김성수의 집이 친아버지가 아닌 양아버지의 집과 붙어 있는 것도 그들이 얼마나 가까운 사이였는지를 보여준다.

김성수는 교육사업으로 중앙고교 외에도 1932년에 고려대학교의 전신인 보성전문학교도 인수하니 한국 교육사에서 그의 위치는 자못 크다고 하겠다. 지금 두 학교는 고려중앙학원 재단에 소속되어 있다. 김성수에 대한 정보는 워낙 넘치니 여기서 자세히 열거할 필요는 없겠다. 그의 이력을 보면 그가 참으로 다양한 일을 한 것을 알 수 있다. 동아일보 사장도 했고 경성방직 사장도 지내는 등 그는 다양한 분야를 섭렵한 인사이었다. 그뿐만이 아니다. 해방 후에는 정치에도 뛰어들어 제2대 부통령도 지냈으니 그가 관여하지 않은 분야가 없을 정도이다.

항상 나오는 친일 문제   김성수는 이력이 이렇게 화려함에
도 불구하고 그에게는 항상 친일을 했다는 딱지가 붙는다.
그런데 김성수의 친일 태도와 관련해서 나는 당시 한국 사
회의 오피니언 리더들에게서 비슷한 행태를 발견한다. 당
시 많은 한국의 지도자들이 처음부터 친일을 한 게 아니
다. 그들은 처음에는 확실한 민족의식을 갖고 독립을 위해
항일 운동을 열심히 했다. 그러다 1930년대 중반 이후가
되면서 그들은 대부분 친일 인사로 바뀌게 된다. 이광수가
그랬고 최남선이 그랬다. 아마 일제의 집요한 회유 공작과
위협에 어쩔 수 없이 그렇게 된 것이리라. 이들이 이렇게
된 데에는 당시 사회의 분위기가 크게 작용했을 것이다.
나는 개인적인 입장에서는 이들이 친일한 것에 대해서 아
무런 비난이나 평가를 하지 않는다. 내가 당시의 사회 분
위기나 그들 개인의 형편을 정확하게 모르기 때문이다. 그
들이 잘못한 게 있다면 국가사회적인 입장에서 책임을 물
으면 되는 것이지 내가 개인적인 차원에서 할 수 있는 일
이 아니다. 그러니까 공적인 입장에서 처리하자는 것이다.
　그러나 아무리 그래도 의구심은 남는다. 이들이 친일을
했던 태도이다. 가장 문제되는 것은 꼭 그렇게까지 친일
행위를 적극적으로 할 필요가 있었을까 하는 것이다. 마지
못해 하는 것처럼 할 수는 없었을까 하는 바람을 가져 보

는데 물론 일제가 강요하고 윽박지르니 그들도 그렇게 할 수밖에 없었을지 모른다. 암만 상황이 그래도 청년들에게 전쟁에 나가 황군이 되어 죽음으로써 나라를 지키라고 한 것이나 여성들에게 정신대에 나가 똑같은 일을 하라고 강력하게 권한 것은 도가 지나친 것 아닌가 하는 생각이다. 그렇다고는 해도 내 개인적인 차원에서는 이들을 탓하고 싶지 않다. 왜냐하면 만일 내가 같은 환경에 처했다면 나도 어쩔 수 없었을 것이라는 생각이 들기 때문이다.(물론 나 같은 무명의 인사에게는 아무 관심도 없겠지만 말이다.)

이곳에 오면 어차피 집 안으로는 들어갈 수 없으니 밖에서 이런 과거 역사를 되새겨보는 시간을 갖는다. 그런데 이 두 집을 볼 수 있는 곳이 있다. 이 두 집의 위쪽에 있는 대동세무고등학교 운동장으로 올라가면 된다. 이곳에서는 이 두 집은 말할 것도 없고 북촌 전체가 잘 보인다. 그러니 이 근처에 갔을 때는 꼭 이곳에 가기를 강하게 추천한다. 그런데 이곳에는 철망이 쳐져 있어서 사진 찍는 데에 제약을 많이 받는다. 거기서 보면 원파 고택이 잘 보인다. 이 집에서는 음악회도 하는 등 가끔씩 개방한다고 한다. 그런데 마당을 보면 상이 3개나 있는 것을 알 수 있는데 그 중에 흉상은 김성수의 양친의 상이라 하고 정자 옆에 앉아 있는 동상은 백부인 김기중의 상이라고 한다. 우리가 이곳으

김기중의 동상

로 답사 간 날 마침 이 집이 수리 중이어서 대문이 열려 있었다. 이런 기회는 자주 찾아오지 않는 법이라 학생들에게 실례를 무릅쓰고 들어가 사진을 찍으라고 했다. 그래서 그때 찍은 사진을 여기에 올려 놓는데 이런 사진은 매우 귀한 것이다.

또 하나의 민족학교 - 대동고 우리는 이러다 자연스럽게 이 대동세무고교까지 왔다. 처음에는 단지 김성수 고택을 보려고 이 학교로 올라온 것인데 이 학교로 온 김에 검색해보니 이 학교가 매우 특이한 학교라는 것을 발견했다. 세무고교니까 상업학교의 일종으로 생각하고 그 많은 상업학교 중의 하나인 줄만 알았다. 그러나 이 학교는 시작부터가 범상치 않았다. 왜냐하면 이 학교를 세우게 된 동기를 제공한 사람들이 당시에 인력거를 끌던 사람들이었기 때문이다. 이 학교를 세운 고창한 선생(1873~1945)이 우연한 기회에 교육 받을 기회를 박탈당한 차부(인력거꾼)들의 자식들 소식을 듣고 이 학교를 세운 것이다.

원래 이 학교 자리에는 계산학교라는 학교가 있었는데 여러 문제 때문에 휴업하고 있었다고 한다. 이것을 고창한 선생이 전 재산을 들여 인수하고 학교를 크게 설립한 것이다. 이때가 1933년인데 그는 사재 30만원을 들여 재단법인 대동학원을 설립하고 1년 뒤인 1934년에 대동상업학교를 개교하게 된다. 그러니까 전체 역사로 따지면 이 학교는 벌써 90년에 가까운 역사를 갖고 있는 것이 된다. 동 북촌에는 학교가 중앙고등학교만 있는 줄 알았는데 이런 명문 학교가 또 있다니 신기하기도 하고 기쁘기도 했다. 현재 이 학교는 학교법인인 종근당의 고촌학원이 인수해 운영하고 있다고 한다.

나는 무엇보다도 이 학교를 처음에 세운 고창한 선생이나 그 분이 학교를 설립하는 과정에 큰 감동을 받았다. 이에 대한 이야기는 이 분의 아드님인 고흥석 씨가 남긴 글이 있어 자세하게 알 수 있었다. 지금 이 학교를 보면 가파

대동 세무고등학교 정문

른 언덕 위에 있음에도 불구하고 운동장이 상당히 넓다.
이 학교가 이런 규모를 갖게 된 것은 보이지 않는 손들의
노고가 컸다. 앞에서 말한 대로 이 학교는 차부들의 하소
연에 따라 세워졌다. 여기에 '물장수' 하는 분들까지 가세
했는데 이 학교의 건설에 바로 이 분들이 대거 투입된 것
이다.

　이 학교 부지는 높은 곳에 있기 때문에 시멘트나 목재
같은 건물을 지을 자재들은 일일이 사람들이 날라야 했다
고 한다. 길이 좁아 어쩔 수 없었던 모양이다. 또 이 학교의
본관 건물 앞에는 왕모래 산이 있어 그것을 파내어 운동
장을 넓게 만들고 그 흙으로는 담을 쌓았다고 한다. 운동

장이 넓게 된 것은 원래부터 그런 것이 아니라 이처럼 산을 깎아 평평하게 만든 것이다. 이 모든 '노가다' 일을 바로 차부들과 물장수 협회 회원들이 보수를 전혀 받지 않고 했다는 것을 읽고 나는 감동받지 않을 수 없었다. 이런 분들이 하루에 200여 명씩이나 일했다고 하니 그 규모가 엄청난 것을 알 수 있다. 이 분들은 이 학교에서 자신들의 자식들이 공부할 수 있을 것이라 철석같이 믿었던 터라 자식들을 교육시키겠다는 일념으로 무보수로 공사에 임한 것이다.

차부들이란 지금으로 치면 택시 기사나 버스 기사 같은 분들이 아닐까? 그런데 생업에 바쁜 그런 분들이 몸을 던져 학교를 세웠다니 그 숭고한 정신에 고개가 절로 숙여진다. 인력거를 몰았다면 그들은 하루 벌어 하루 사는 그런 생활을 하지 않았을까 하는 생각이 드는데 그런 열악한 조건에도 자녀들을 위해 학교 세울 생각을 했으니 얼마나 대단한 것인가? 한국인들이 교육에 대해 갖는 열정은 세계적으로 유명하지만 여기서도 그 모습을 확인할 수 있어 마음이 훈훈해졌다. 한국이 지금과 같은 선진국이 된 데에는 이런 분들의 노력이 쌓여 만들어진 결과가 아닐까 하는 생각이 스친다.

새로 탄생한 배렴 가옥   대동세무고를 등지고 다시 계동로
로 나와 조금만 위로 가보자. 그러면 왼쪽에 곧 배렴 선생
이 살았던 가옥이 나온다. 배렴(1911~1968)은 근대적인 '실
경산수화'로 유명한 동양화가로 알려져 있다. 김천 출신인
그는 1928년에 서울에 와서 당시 동양화의 거장인 이상범
이 세운 '청전화숙(靑田畵塾)'에 들어가 그림을 배운다. 그
러다 1939년 쯤 이 화숙을 나와 금강산을 유람했다고 한
다. 그 뒤에 개인전을 열었는데 그때부터 그의 독자적인
화풍이 보이기 시작했다고 한다.

사실 이렇게 말하지만 그의 그림이 얼마나 독자적인지
또 어떤 면에서 독자적인지는 잘 알지 못한다. 그것을 알
려면 먼저 청전의 화풍을 알아야 하고 그의 화풍이 배렴
그림에서는 어떻게 바뀌었는가를 알아야 하는데 그런 전
문적인 지식이 없으니 무어라 할 말이 없는 것이다. 그 뒤
에 펼쳐지는 그의 이력을 굳이 여기서 재론할 필요는 없겠
다. 단 그가 1964년에 홍대 미대 교수가 된 것은 이채롭다.
50대 중반이 되어서야 전임 교수가 된 것인데 왜 그렇게
늦게 교수가 되었는지는 잘 모르겠다. 그는 교수가 되고 4
년 뒤에 세상을 떠나니 교직에 오래 있지도 못했다.

또 위의 설명에 나오는 실경산수화라는 것도 그렇다. 이
단어는 다소 생소하게 느껴지는데 배렴이 타계했을 때 월

전 장우성 화백이 쓴 추모의 글[9]에서 그의 화풍을 짐작할 수 있는 단서를 발견할 수 있다. 장 화백에 따르면 배렴은 전통 양식을 따르면서도 주변을 사실화하는 독자적인 화풍을 개발했다고 한다. 이런 정보를 가지고 그의 그림을 보면 조금 이해되는 면이 있다. 보통 산수화는 실제의 광경을 그리기보다 상상 속의 이미지를 표현하는 경우가 많은데 배렴은 실제의 모습을 그렸다는 것으로 이해된다. 그러나 이것 역시 섣부른 추정에 불과하니 그의 그림에 대해서는 그만 이야기하기로 하고 우리는 이제 이 집에 대해서 보기로 하자.

이 집은 1930년대에 지은 집이라고 하는데 배렴이 산 것은 1959년 이후라고 한다. 그러니까 그는 이 집에 10년 정도 산 것이 된다. 이 집의 특징은 사랑채로 들어가는 문과 안채로 들어가는 문이 따로 있다는 것일 것이다. 대문을 열고 들어가면 안채 마당이 되는데 사랑채는 바깥에서 직접 들어가게 되어 있다. 이렇게 되면 안채에서는 사랑채에 남편(?)이 언제 들어오고 나가는지를 모를 수 있다. 사랑채의 독립성이 보존되는 것인데 왜 이렇게 만들었는지는 잘 알지 못한다. 내가 이 집에 처음 간 것은 꽤 되었는

---

9) 동아일보 기사, 1968년 9월 7일 자

배렴 가옥의 여러 모습

공사 전의 배렴 가옥(마당에 담이 있다)

데 그때는 이 집이 북촌게스트하우스로 운영되고 있었다.
이 집이 서울시 등록문화재(제85호)로 지정된 것은 2004
년의 일인데 현재는 서울시 도시개발공사의 소유로 되어
있다.

　나는 이 집이 게스트하우스이었던 시절에 한 번 들어가
본 적이 있는데 그때 보니 마당 한 가운데에 낮은 담이 있
었다. 그래서 꽤 답답했는데 그때에는 그냥 사랑채와 안채
를 분리하려는 심산으로 만들어 놓은 것으로 이해했다. 그
러나 마당 한 가운데에 담이 있어 집 전체가 위축되게 보
여 이상하다는 생각은 들었다. 그러다 2016년에 다시 가
보니 온통 수리 중이었다. 수리를 할 때에는 문이 열려 있

기 때문에 들어가서 볼 수 있다. 그 기회를 놓치지 않고 무조건 들어갔더니 마침 내가 아는 젊은 목수가 현장 감독을 하고 있었다.

그는 로하스 한옥의 대표인 이연성 씨인데 자기 회사에서 이 집을 보수하는 일을 맡았다는 것이다. 그래서 반가운 마음에 그에게 이것저것 물어봤는데 지금은 몇 가지밖에는 기억이 나지 않는다. 그 중에 자신의 회사가 가회동 성당의 한옥도 지었다고 자랑하던 것이 기억난다. 이 집과 관련해서 그의 증언을 들어보니까 배렴이 살기 전에는 민속학자인 송석하 선생이 살았다고 해 더 반가웠다. 이 분은 내가 대학 다닐 때 글로만 뵙던 분인데 이 분이 사셨던 곳에 오게 되어 감회가 남달랐던 것이다. 그리고 또 중요한 것 한 가지, 이 담과 관련된 것으로 그에 따르면 이 담이 원래 있던 것은 아니라고 한다. 2017년에 가보니 거의 다 공사가 끝났고 마당의 담이 없어져 훨씬 시원해진 것을 알 수 있었다. 현재 이 집은 '배렴기념관'으로 시민들에게 공개되고 있다. 그런데 자세히 보니 사랑채로 들어가는 문이 보이지 않았다. 문을 만들지 않은 것이다. 아마 문을 두 개씩 만들면 번거로워 그랬을 것 같은데 이 점에 대해서는 나중에 이인성 씨에게 물어보아야 하겠다.

중앙탕의 변신　이 집에서 아주 조금만 가면 오른쪽으로 골목이 나오는데 그 코너에는 안경 파는 집이 있다. 이 집이 원래 중앙탕이라는 목욕탕이었다는 것은 누구나 알고 있는 사실이다. 내가 이곳을 다닐 때에도 이 목욕탕은 영업을 하고 있었다. 이 사진은 그때 찍은 것이다. 그런데 능히 짐작할 수 있듯이 이 집은 팔려 지금처럼 안경집이 되었다. 이런 일은 이 동네에서는 흔하게 일어나는 일이라 놀랠 것이 못 된다. 그런데 이전 같으면 이 집을 때려 부수고 아예 새 집을 지었을 텐데 이제는 시민들의 수준이 높아져 원래의 건축을 가능한 한 살려서 개수를 한다. 그리고 사진에서 보는 것처럼 '중앙탕'이라는 간판을 유지하고 있어서 더 좋다. 옛날 같으면 옛 간판 같은 구닥다리 물건은 먼저 없애고 볼 터인데 이제는 외려 보존하는 쪽을 택하니 참으로 잘했다는 생각이 든다.

　더 다행인 것은 이 집을 개수할 때 목욕탕의 내부를 가능한 한 살려서 실내를 꾸몄다는 것이다. 나도 염치 불구하고 안경을 사지도 않을 것이면서 안으로 들어가 보았다. 그랬더니 직원들이 매우 친절하게 대해서 안심하고 구경을 잘 하고 나왔다. 목욕탕 구조가 그대로 남아 있어 옛 구조를 복기하는 데에 전혀 문제가 없었다. 그리고 보일러실도 잘 살려놓아 아주 이채로웠다. 특히 옥상에서 북촌

중앙탕의 원래 모습

을 바라보았던 기억이 새롭다. 동(東) 북촌이 한눈에 들어
와 그 경관이 썩 좋았다. 한 번은 친구들을 데려갔는데 나
는 안경에는 관심 없어 내부만 둘러보고 곧 나왔다. 그런
데 내 친구들은 아무리 기다려도 나오지를 않는 것이었다.

그들은 몇 십 분이 지난 다음에야 나타났다. 너무 뒤늦
게 나타나는 그들을 두고 '아니 기다리는 사람은 생각하지
않고 어떻게 이처럼 늦게오느냐'고 마구 힐난했다. 그랬더
니 그들은 그 집 안경 값이 강남보다 훨씬 싸서 몇 개 장만
하느라고 시간이 걸렸다고 거듭 미안하다고 사과했다. 이
곳에 또 언제 올지 모르니 본 김에 안경을 장만한 것이다.
이 집의 안경 값이 좋은 모양인데 나는 안경에는 별 관심

중앙탕 현재모습

이 없으니 또 들어가서 안경 볼 일은 없겠다. 그런데 여기는 그렇다 치고 내가 이 골목에서 진짜 관심 있는 곳은 이곳이 아니라 그 골목으로 더 들어가면 맨 끝에 나오는 절이다.

북촌에 보이는 종교의 족적들

북촌에 절이?　이 절의 이름은 격외사(格外寺)이다. 충남 예산에 있는 수덕사의 서울 분원으로 10년 전쯤에 세웠다고 한다. 이름을 격외라고 한 것은 틀을 벗어났다는 뜻인데 선불교가 일상적인 것을 거부하니 이런 이름이 나온 것일 것이다. 나는 이 북촌 같은 곳에 절이 있으리라고는 생각하지 못했다(이 절 말고 절이 또 하나 있는데 그것은 약하였다). 이 절을 발견한 것도 2016년에 이 지역을 샅샅이 뒤지면서였다. 그때는 골목골목을 다 뒤지기로 했던 터라 그렇게 이 골목을 뒤지다보니 이 절이 나왔다. 그냥 일반 한옥을 가지고 절을 만든 것인데 절답게 문이 열려 있었다. 많이 열린 것은 아니고 아주 조금 열려 있었는데 절이란 아무 때나 갈 수 있는 곳이라 우리는 문을 열고 들어갔다. 안에는 할머니 보살 한 분이 있어 그에게 인사하고 법당을

격외사 대문

둘러보았다. 그리곤 서둘러 나왔는데 마침 달력이 있어 우리가 그 달력에 관심을 표하자 그 보살님이 우리에게 그 달력을 나누어 주었다. 이처럼 후대를 받았던 터라 훈훈한 마음으로 이 절을 나왔다.

이 절에 다시 간 건 2017년 7월의 일로 이 글을 쓰면서 현장 감각을 살리기 위해 간 것이다. 그런데 이 절로 들어가는 골목을 찾지 못해 한동안 두리번거리다 어느 가게에 들어가 물어보고 간신히 이 절을 찾았다. 북촌 골목길이 이렇다. 많이 돌아다녀서 다 알 것 같은데 잠깐 방심하면 이렇게 헤맨다. 시간이 조금 흐른 뒤에 가면 또 어디가 어디인지 헷갈리는 것이다. 이번에도 절에 가보니 문이 살짝 열려 있었다. 지난번처럼 무조건 문을 열고 들어갔다. 이번에는 웬 거사 한 분이 나왔는데 그도 우리에게 친절하게 설명을 해주었다.

법당에 보니 경허 스님 초상화가 있어 아는 척을 했더니 그 거사가 바로 옆에 있는 초상화는 경허 스님의 제자인 만공 스님이고 그 옆은 만공의 제자인 혜암 스님이라고 친절하게 알려주었다. 1885년생인 혜암 스님은 1985년에 돌아가셨는데 조계종의 10대 종정을 지낸 분과 이름이 같아 혼동을 일으킬 수 있다. 이 종정 스님은 1920년생이고 2001년에 입적했으니 혼동이 없기를 바란다. 여기 있는 혜암 스님은 100살 정도를 산 것이니 나이만 보아도 대단한 분임에 틀림없다. 물론 승려로서 높은 덕을 지닌 분이었다는 것도 잊어서는 안 된다. 이 분과 관련해 재미있는 것이 있다. 스님이 1984년에 대한항공 비행기를 타고 미국에 있는 한국 절에 갔는데 그 덕에 그는 대한항공 역사상 가장 노령의 승객으로 기록되었다는 것이 그것이다. 이 분 이야기를 오래하는 것은 이 격외사에서 참선 지도를 하고 있는 스님이 바로 이 혜암 스님의 제자이기 때문이다.

우리가 갔던 날 그 스님은 출타 중이었고 이 거사분이 우리를 안내했다. 법당이라 해봐야 마루와 방을 튼 것이라 그다지 크지 않았다. 법당 바로 옆에는 작은 선방이 있었다. 선 수행을 어떻게 하느냐고 물으니까 매주 금요일에 철야정진 참선을 한다고 해 깜짝 놀랐다. 하룻밤을 자지 않고 앉아서 참선을 하는 것이니 이것은 대단한 일이다. 나는 대학생 때에나 그런 수행을 흉내내보았지 나이 들어서는 엄두도 못 냈는데 여기서는 매주 이런 일을 하고 있으니 놀라운 것이다. 남들은 '불금'이니 '뼈와 살이 타는 금요일 밤'이니 하면서 온갖 세속적인 쾌락에 빠지는 시간에 여기서는 고요히 앉아 자기와 싸우는 것이다. 그것도 산속 절이 아니라 도심 한복판에서 이런 일을 하고 있으니 더 대단한 것이다. 그 현장을 보니 한국 불교의 저력이 다시금 느껴지는 듯 했다. 그런데 그 거사 분은 자신의 전공은 참선이 아니고 '수식관'이라고 첨언했다. 수식관은 화두를 들고 집중하는 게 아니고 천천히 호흡하면서 수를 세는 것이다. 이 명상법은 붓다가 제자들에게 많이 권한 방법이기도 하다.

수식관을 많이 해서 그런지 이 거사 분의 눈이 범상치 않았다. 그러니까 이 분은 지도 법사 쯤 되는 것이다. 그래서 기억에 남기고자 같이 사진을 한 장 찍었다. 그 분은 차라도 한 잔 하고 가라고 계속 권했지만 앉으면 일어나기 힘들 것 같아 정중히 거절하고 절을 나섰다. 답사할 때 한 군데 오래 있으면 계획대로 일정을 진행하기 힘들기 때문에 아쉽지만 다음 행선지로 가야 했다.

이렇게 아쉽게 절을 나서기는 했지만 북촌 같은 곳에 절이 있다는 것이 신기하고 더 나아가서 다행이라는 생각마저 들었다. 이것이 바로 이 동 북촌이 지닌 매력이 아닌가 한다. 동 북촌은 아직도 사람들이 살고 있어 그 기운이 확연하게 느껴진다. 절도 있고 교회도 있으니 사람의 온기가 느껴진다. 그에 비해 서(西) 북촌에는 이런 종교 기관이 없다. 그래서 그런지 사람 냄새가 잘 나지 않는다. 밤에 가면 불이 켜져 있는 집이 별로 없어 어둡기만 하고 낮에 가면 관광객만 있을 뿐 주민들이 보이지 않아 그런 느낌을 지울 수가 없다. 그러나 서 북촌은 지금 모습 그대로 정통 한옥 마을로서 그 의미가 충분하다고 하겠다. 한옥이 그렇게 군집되어 있는 곳이 흔하지 않기 때문이다.

만해 한용운의 족적을 찾아　이 절 바로 근처에는 불교와 관계된 곳이 또 있다. 다시 계동길로 나와 조금만 올라가다 오른쪽 골목길로 방향을 틀면 곧 유심사라는 가옥이 나온다. 이곳은 만해 한용운이 머무르던 곳인데 그 때문에 나는 처음에 이곳도 절인 줄 알았다. 그런데 유심사의 사는 '寺'가 아니라 '社'였다. 한용운은 이곳에 살면서 불교 잡지인 '유심(惟心)'을 간행했는데 그 출판사가 유심사였던 것이다. 나는 이 유심이라는 단어를 보고 처음에는 당연히 한자로 '唯心'이라고 쓰는 줄 알았다. 이 유심이 '일체유심조(一切唯心造)'라는 불교의 간판 슬로건 같은 단어에서 나온 것으로 안 것이다. 그런데 한자가 달랐다. '惟心'이었던 것이다. '오직' 유(唯) 자가 아니라 '생각할' 유(惟) 자를 쓴 것이다. 이런 한자를 가진 단어는 사전에 나오지 않는다. 아마도 만해가 어떤 의도를 가지고 새롭게 만든 단어 같은데 만해에게 물어볼 수 없으니 그 뜻을 알 길이 없다. 직역하면 '생각하는 마음'이 될 터인데 이 해석에 만해가 동의할지 모르겠다.

이 잡지는 1918년 9월에 창간되지만 같은 해 12월에 3호를 마지막으로 폐간된다. 시작하다 끝난 것처럼 된 것이다. 이 잡지의 창간호를 보면 최남선이나 이능화, 최린, 현진건 같은 분들이 불교와는 관계없는 주제에 대해 쓰고 있는 것으로 보아 불교잡지라고 하기 보다는 종합교양지 같은 느낌을 받는다. 잡지의 이름이 불교적인 이름인 '唯心'이 아니라 지금처럼 되어 있는 것은 만해가 처음부터 종합지를 지향한 때문이 아닌가 하는 추측을 해본다. 항간에는 이 잡지를 만해의 개인잡지로 보아야 한다는 설도 있다. 재미있는 것은 마지막 호인 3호에는 '현상문예작품'을 선정해 실었는데 여기에 방정환이 쓴 소설이나 시가 포함되

유심사 대문

어 있었다는 것이다. 어떻든 이 3호를 마지막으로 이 잡지
는 폐간되는데 그 이유는 대체로 조선총독부의 탄압과 3.1
운동을 준비하기 위해서라고 하는데 정확한 것은 알려져
있지 않다.

이곳은 3.1 운동 당시 불교계의 거점 역할을 해 주목받
는 곳이다. 불교계라고 해봐야 만해와 그의 사제인 용성
밖에 없지만 말이다. 천도교 측은 앞에서 본 것처럼 개신
교의 이승훈 목사와 담합이 끝난 다음 불교계의 문을 두
드린다. 그래서 그해 초 최린이 이 유심사로 찾아와 만해
와 협의해 이 운동을 같이 할 것을 결정한다. 보통 이 사
건의 의미를 두고 이로써 3개 대 교단이 범 종교 차원에

서 협력을 하게 되었다 말한다. 그러나 다른 교단은 몰라도 불교계는 한용운과 그의 사제인 용성의 개인적인 참여이지 범 불교계가 참여했다고 볼 수 없겠다. 당시 한국 불교계는 일원화된 조직이 없거나 있어도 유명무실해 종단적인 참여의 면모를 보이기 힘들었을 것이다. 그 뒤의 일도 만해가 개인적인 차원에서 추진한 것을 보면 그 사정을 알 수 있다. 즉 당시 불교의 종립학교인 중앙학림(동국대학교의 전신)의 학생들을 불러 독립선언서 3천 매를 배달하라고 명하는 등 개인적인 수준에서 일을 한 것이 그것이다. 이 학생들은 만해의 지도로 '동아리' 활동을 하던 이들이었다고 한다.

그런데 문제는 지금까지 이 집이 어떻게 유지되어 왔느냐에 대한 것이다. 이곳은 현재 게스트하우스로 활용되고 있는데 이런 역사적인 유적지를 왜 이같은 용도로 쓰고 있는지 의문이 생기지 않을 수 없다. 불교계 신문 기사에 따르면[10] 이 집은 그동안 일반인들이 살면서 거의 폐가 상태에 있었다고 한다. 그래서 종로구청에서는 조계종에 구입하라고 종용했지만 어떤 이유인지 조계종이 거부했다고 한다. 이 이유에 대해서는 짐작되는 바가 있지만 확실한

10) 현대불교, 2014년 4월 4일

것은 아니니 언급은 삼가겠다. 사정이 어떻든 한국 근대사나 한국 불교사에서 커다란 족적을 남긴 만해의 유적을 이렇게 홀대하는 것은 잘 이해가 안 된다. 그런 상황에 있었는데 마침 인근에 살던 불교도 한 분이 만해의 유적을 방치할 수 없어 이 집을 구입했단다. 그는 이 집을 활용하고자 게스트하우스 하는 사람에게 임대를 주어 현재 그 용도로 쓰이고 있다. 이 집은 2003년에 근대문화유산으로 지정되기는 했지만 계속 방치되어 있었는데 지금은 그나마 게스트하우스로 활용되고 있으니 멸실될 염려는 없어졌다.

그러나 한국 근대사에 큰 자취를 남긴 만해와 3.1운동과 직접적인 연관이 있는 이런 유구한 유적을 여관으로밖에는 쓸 방도가 없는지 종단이나 관청에 서운한 마음을 지울 길이 없다. 이 집을 매입해 게스트하우스로 만든 한 개인의 노력이 없었더라면 이 집의 운명이 어떻게 되었을지 알 수 없는 일이다. 그런데 내 개인적인 인상인지 모르지만 집이 누추하다는 느낌이 많이 들었다. 연구에 따르면 바깥 면에 쌓은 벽돌 빼고는 일제 때의 옛 모습이 그대로 남아 있다고 하는데 안을 들어가 보지 않았으니 더 이상 언급하기가 힘들다. 이 집은 영업 중이라 그런지 갈 때마다 문이 굳게 닫혀 있어 안을 볼 수 없었다.

참고로 만해의 거처에 대해 조금만 더 이야기해 보면,

3.1 운동의 모사 혐의로 투옥됐다가 감옥에서 나온 후 만해는 왕성한 활동을 벌이다 1933년 이후에는 성북동에 있는 심우장에 머물게 된다. 다행히 이 집은 남아 있어 현재 기념관으로 쓰이고 있는데 이 집은 특이하게 북향으로 지어져 있다. 그것은 만해가 이 집을 지을 때 총독부와는 마주 보고 살 수 없다고 해 그렇게 지었다고 한다. 만해는 일제를 인정하지 않고 끝까지 독립을 위해 투쟁했지만 끝내 해방은 보지 못하고 1944년 중풍으로 이 집에서 사망하게 된다. 어떻든 북촌의 이 작은 집에 오면 현대사에 큰 족적을 남긴 만해에 대해 다시 한 번 생각할 수 있게 되어 좋다.

일개 우물에 이렇게 많은 사연이... 유심사라는 이 작은 집에서 만해라는 큰 인물을 논하자니 벅차다. 만해에 대해서는 나중에 기회가 있으면 제대로 논하기로 하고 계동길로 나와 다시 가던 길을 가자. 여기서 조금만 올라가면 길가에서 우물을 하나 발견하게 된다. '석정보름 우물'이다. 이 우물이 석정(石井)이라는 것은 돌로 만들어졌기 때문일 것이다. 그로 인해 이 지역이 석정골이라고 불렸다고 한다. 이 엉성하게 보이는 우물에 이야기가 많이 엮여 있어 재미있다.

석정보름 우물

　이 우물은 원래 모습이 아니다. 원래 있던 것은 1978년
에 매몰되었고 지금 우리가 보는 것은 1987년에 주민들이
뜻을 모아 복원한 것이라고 한다. 당시 이 우물을 복원하
기 위해 현대건설로부터 120만원을 지원 받았다고 전해지
는데 이 이야기를 전해 듣고 나는 이상하다는 생각을 지울
길이 없었다. 왜냐하면 이 정보가 사실이라면 이 작은 우
물 복원하는 데에 왜 현대건설 같은 대기업의 지원을 받아
야 했는지 궁금했기 때문이다. 이 정도 사업을 하는 데에
는 마을 사람들이 십시일반 해서 돈을 모으면 될 것 같은
데 굳이 대기업까지 동원할 필요가 있었는지 의문이 드는
것이다. 그런데 반론도 있을 수 있겠다. 120만 원을 지금이

아니라 당시 돈의 가치로 보면 이야기가 달라질 수 있다는 것이다. 그런데 내막을 잘 모르니 섣부르게 판단할 수는 없겠다.

그 다음은 이 우물의 이름에 관한 것인데 여기서도 의문점이 발견된다. 이 우물의 물이 보름 단위로 맑아졌다 흐려졌다 해 보름이라는 낱말이 우물 이름에 들어갔다는 것이 그것이다. 의문이 생기는 것은 그 이유가 조금 기괴하기 때문이다. 이야기는 조선 정조 대까지 올라간다. 당시 이 우물이 자꾸 넘쳐 내막을 알아보았단다. 그랬더니 이런 이야기가 전해진다.

어떤 망나니의 딸이 어떤 양반의 서자에게 반해 상사병을 앓았단다. 이런 사랑이 신분 차이로 이루어질 수 없는 것은 명약관화한 일이다. 이 현실을 비관한 처녀는 남자를 죽여 우물 안에 버리고 자기도 투신해 죽었다고 한다. 일이 가장 나쁘게 풀린 것이다. 그 이후부터 이 우물이 자꾸 넘쳤다고 하는데 그 이유에 대해 사람들은 이 여자 아이가 원한을 품은 탓이라 생각해 제사를 지내주었단다. 그랬더니 물이 넘치는 것은 그쳤는데 그 이후부터 물이 15일 단위로 청탁이 바뀌었다는 것이다. 그래서 보름 우물이라고 했다는 것인데 이 이야기는 어디까지 믿어야 할지 모르겠다. 여자 아이가 한을 품는 것과 우물의 물이 넘치는 게 무

슨 관계가 있으며, 그 다음에 물이 보름 간격으로 청탁이
바뀌는 게 여자 아이의 한과 무슨 관계가 있는지 알 수 없
기 때문이다. 어떻든 그 진위여부가 확실하지 않은 탓인지
이곳 안내문에는 이 이야기가 소개되어 있지 않다.

이 우물의 안내판에 나온 설명을 보면 물이 차고 맛이
좋아 궁에서도 길러다 먹고 아들 낳는 데에 효험이 있다
고 해 궁녀를 비롯해 여러 사람들이 먹었다고 한다(궁녀
는 승은을 입고 아들을 낳기 위해 이 물을 먹은 것인가?). 그런데
앞에서 보름 동안 물이 흐리다고 했는데 그때에도 이 물
을 먹었는지 궁금하다. 이렇게 주기적으로 색과 맛이 바뀌
면 좋은 물이 아닐 텐데 왜 좋다고 하는지도 모르겠다. 어
떻든 이 동네 사람들은 이곳에 상수도가 들어올 때까지 이
우물의 물을 식수로 사용했는데 상수도가 들어온 뒤로 이
우물 주위는 아이들 놀이터로 변했다고 한다. 그런 까닭에
아이들이 우물에 돌과 쓰레기를 자꾸 버려 방치된 채로 있
었던 것이다.

한국 천주교의 첫 번째 미사 때 이 우물의 물을 사용하다!   그
런데 이 지역에서 우리가 집중적으로 보아야 할 것은 이런
것들이 아니라 이 우물과 천주교와의 관계이다. 한국에서
이루어진 천주교의 첫 미사 때 바로 이 물이 성수로 사용

되었다고 한다. 한국 천주교사 200여 년을 돌아볼 때 이곳에서 첫 미사가 이루어졌다는 것은 엄청난 사건이 아닐 수 없다. 이 미사의 주인공은 중국인인 주문모 신부이다. 그는 1794년에 한국에 들어와 이 우물에서 얼마 떨어지지 않은 곳에서 첫 미사를 드린다.

우물 바로 옆 골목은 계동 4길인데 이곳으로 올라가면 당시 첫 미사를 드린 것으로 추정되는 최인길의 집이 나온다. 한국 천주교에서는 이곳에 기념관(주문모 신부 사목 기념관)을 짓기 위해 한옥 4채를 매입했다고 한다. 그렇지만 주 신부가 이곳에 오래 있었던 것은 아니다. 밀고가 들어가 주 신부에 대한 체포령이 내려졌고 그 때문에 그는 여신도인 강완숙의 집으로 피신 간다. 그는 이 집에 머물면서 6년 동안 포교에 진력해 많은 성과를 거둔다. 그가 이 시절에 접촉한 사람 중에 우리가 알 수 있는 사람은 정약용의 셋째 형인 정약종과 백서 사건으로 유명한 황사영 등이 있다.

가톨릭 기록에 따르면 2014년에 현 교황이 방한했을 때 과거에 순교한 한국인 가운데 124명을 선정해 복자로 현양하는데 이때 주 신부는 말할 것도 없고 최인길이나 강완숙, 그리고 당시 주 신부를 도왔던 사람들이 모두 포함되었다. 이들은 당시에 모두 체포되어 사형을 당한다. 복자란 가톨릭에서 덕성이나 신앙이 아주 뛰어난 사람들을 골

주문모 신부 사목 기념관 터

라 사후에 그에게 칭호를 내리는 것인데 그 자세한 내용은 복잡해 말할 수 없다. 비록 성인보다는 한 단계 낮지만 이 복자는 가톨릭에서 굉장히 명예가 높은 지위에 해당한다. 그런데 이 124명 가운데 북촌에서 활동하던 사람이 20여 명이나 된다고 하니 이 북촌 지역이 당시 가톨릭 교계에서 중요한 위치를 차지하고 있었던 것을 알 수 있다. 북촌 지역에 가톨릭교도가 많았던 이유는 아마 당시에 전국적으로 신부가 있는 곳은 이 북촌밖에 없었기 때문일 것이다.

주 신부는 가톨릭에 대체로 우호적이었던 정조가 죽고 어린 순조가 즉위하자 새로 시작된 탄압(병인박해)을 피할 길이 없었다. 그는 박해를 피하고자 중국으로 가는 도중 자신 때문에 다른 교우들이 죽는다고 생각해 발길을 돌려 자수한다. 당시 조선 정부 안에는 그를 중국으로 추방하자는 주장도 있었지만 사형을 내리자는 의견이 우세해 그는 용산 한강변에 있는 새남터에서 참수당한다. 이곳은 한국 최초의 신부인 김대건 신부가 죽임을 당하고 수 명의 서양인 신부가 사형을 당한 곳으로 가톨릭에서는 유명한 순교지이다. 김대건 신부는 짧은 기간이지만 이곳 북촌에서 목회를 했다고 전해진다. 치열했던 선교의 현장을 뒤로 하고 우리는 그 다음 행선지로 간다.

우물에서 주문모 신부 사목 기념관 예정지로 가기 위해 계동 4길을 올라가다 보면 예정지 조금 못 미쳐 오른쪽으로 아주 작은 골목길이 있다. 이름 하여 '계동 희망길'인데 계단으로 되어 있고 벽에는 예쁜 그림이 그려져 있다. 그 길로 넘어가면 고희동 가옥으로 갈 수 있는데 만일 우리가 중앙고등학교만 보고 답사를 마치려면 그 길로 갈 수 없다. 다시 내려와서 중앙고등학교로 가야 하기 때문이다. 그러나 북촌의 골목길이 지닌 정취를 느끼고 싶으면 그 길을 오를 것을 권한다. 담에는 벽화가 그려져 있어 그리 심심하지 않고 보통 관광객들은 거의 오지 않는 길이라 한적해 좋다. 우리의 다음 행선지는 이 작은 고개 넘어 있는 고희동 가옥이라 이 골목길로 계속 가기로 한다.

계동 희망길 입구

한국 최초의 서양화가인 고희동의 집으로 골목을 나와 언덕을 내려가면 곧 고희동 가옥을 만날 수 있는데 이 집과 관련해 가장 먼저 드는 생각은 어떻게 저렇게 감쪽같이 복원해냈느냐는 것이다. 내가 북촌을 다니던 2000년대 전후에 이 집은 완전히 폐가였는데 지금은 새집이 된 것이다. 원래의 집처럼 보이게 복원시켜 놓은 것이 정녕 신기하기만 하다. 이곳에 처음 오는 사람들은 설명을 듣지 않으면 이 집이 원래 그대로 보존된 집인 줄 알 게다. 그러나 옛날 것은 찾아보기 힘들다. 이전에 폐가로 방치되던 집이었으니 그런 집에서 건져서 쓸 게 별로 없었을 것이다. 심지어 당시에는 이 집 옆에 있는 회사(한샘)가 이 집 부지를 구입해

고희동의 집

다 쓸어버리고 여기다 주차장을 만들려고 했으니 이 집의
상태를 알만 하지 않을까? 그런데 시민 단체가 이 계획을
반대하고 나섰고 다행히 구청이 이 집을 매입하여 지금처
럼 복원한 것이다. 이 회사의 주차장은 지금도 바로 옆에
있는데 갈 때 마다 이 비싼 땅에 주차장을 만든 것을 보고
신기해 한다(그 주차장 부지가 상당히 넓다).

　고희동(1886~1965)에 대한 설명은 여기 저기 많으니 그
다지 재론할 필요를 느끼지 못한다.[11] 그가 한국 최초의

---

11) 고희동과 이 가옥에 대한 좋은 자료는 다음과 같다.
한철욱(2016), "서양화가 춘곡 고희동 가옥의 원형 추정 및 변형 과정에 대한
연구", 한양대학교 공학대학원, 석사학위 논문.

고희동 집 내부에 걸려 있는 자화상

서양화가라는 것은 천하가 다 아는 사실이다. 그는 1909
년에 일본으로 유학 가서 동경 미술대학에서 서양화를 배
웠다. 그런데 재미있는 것은 그가 유학 가기 전에 당시 최
고의 동양화가였던 안중식이나 조석진에게서 동양화를 배
웠다는 사실이다. 그런 그가 서양화로 눈을 돌린 것은 동
양화단의 진부함이었다고 한다. 그가 보기에 동양화가들
은 중국 그림만 모방해 그려 그게 싫었고 또 그런 그림만
좋아하는 사람들의 성향도 마음에 들지 않았던 모양이다.

그런 그가 학교(한성법어학교)를 다니던 중 프랑스어 교
사가 그린 그림을 보고 서양화를 알게 되었다. 그때 그는
그 그림에 크게 자극받았던 모양이다. 그 뒤에 그가 일본

으로 가서 서양화를 공부하기로 마음먹게 되니 말이다. 이렇게 일본에 간 그는 6년간 공부하고 1915년에 모든 과정을 마치고 귀국해 한국에 서양화를 알리기 시작했다. 그가 이 집에 살게 된 것은 1918년 이후의 일이다. 그 자신이 직접 설계해서 이 집을 지었다고 하는데 화가인 그가 이런 집을 설계했다는 것이 잘 믿기지 않는다. 그가 건축을 공부해서 설계를 했는지 아니면 아이디어만 내고 설계는 다른 사람이 했는지 모를 일이다. 좌우간 그는 이 집에 살면서 인근 학교인 중앙고나 휘문고에서 서양화를 가르쳤다고 한다.

그렇게 활동하던 그는 서양화를 전파하는 데에 힘이 부쳤던 모양이다. 1920년대 중반부터는 동양(한국)화에 더 천착했으니 말이다. 그의 전언에 따르면 당시 사회가 아직 서양화를 받아들이기에는 시기상조였던 모양이었다. 서양화가 너무 생경한 나머지 사람들은 그의 그림이나 그림을 대하는 태도를 가지고 강하게 비판했다고 한다. 그래서 하는 수 없이 그는 다시 동양화로 돌아가게 된다. 비록 다시 동양화로 돌아가긴 했지만 그가 전통적인 동양화 기법을 맹종한 것은 아닌 모양이다. 서구 회화의 명암법, 원근법 같은 것을 동양화에 부분적으로 시도했다고 하니 말이다.

그의 이런 전력은 이 집의 구조에도 고스란히 나타난다.

이 집은 기본적으로 한옥의 모습을 하고 있지만 그 구조에서는 서양식과 일본식의 모습이 보인다. 처음에 이 집을 지었을 때에는 지금과 달리 안채는 초가집이었던 반면 사랑채는 기와집이었다고 한다. 그리고 함석지붕으로 된 문간(바깥)채까지 포함해서 전체적으로 보면 북쪽이 트인 ㄷ자 형태였다고 한다. 그러다 후에 그와 그의 아들이 현재의 모습으로 변형시켰다고 한다. 초가인 안채에 기와를 올린 것은 1940년 초에 그가 개인전을 성공적으로 열고 경제적으로 나아졌을 때의 일이라고 한다. 또 그때 작업실로 쓰기 위해 마당 한 가운데에 화실을 만들었단다. 작업실을 중정 한 가운데에 만든 것은 상당히 파격적인 건축이 아닌가 싶다.

그 뒤의 변화를 보면, 1952년에는 고희동의 장남이 돈을 벌어 부지를 더 매입했다. 그래서 대지가 넓어졌고 가옥도 증축되었다. 이때 이 집에 어떤 변화가 있었는지에 대해서는 다소 복잡해 더 이상 설명하지 않겠다. 중요한 것은 이때 이 집에 있는 세 건물, 즉 사랑채, 안채, 문간채가 복도로 연결되었다는 점이다. 또 대문을 옮기고 현관을 설치한 것도 이때 생긴 변화이다. 이러한 시도에서 우리는 일본 건축 및 서양 건축의 영향을 엿볼 수 있는데 특히 내부를 복도로 연결시킨 것은 명백한 일본 건축의 영향인 것 같

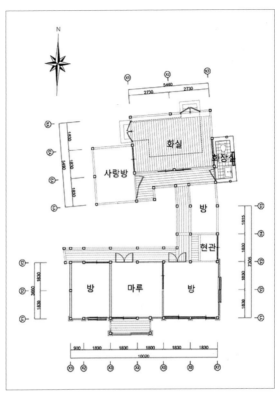

고희동 가 평면도

다. 그런가 하면 유리창을 많이 쓴 것은 서양 건축의 영향이 아닐까 한다.

지금 이 가옥의 대문을 들어서면 공터 같은 것이 있는데이 땅은 고희동이 산 것이 아니다. 고희동은 40여 년간 이집에 살다 장남의 사업이 어려워져 이 집을 팔게 되었는데이 땅을 산 것은 그 다음의 소유주라고 한다. 이 소유주가 부엌을 새로 만드는 등 개조를 많이 했는데 2011년 복원 공사를 할 때 모두 고희동이 살던 때의 모습으로 환원하게 된다.

이 집은 앞서 말한 대로 2002년에 한샘이 매입해 철거위기에 몰렸었다. 그러나 그 다음해에 북촌문화포럼이나내쇼날 트러스트 같은 시민 단체들이 나서서 보존을 촉구해 다행히 그 다음해에 '원서동 고희동 가옥'이라는 이름으로 등록문화재(84호)로 지정된다. 철거 위기를 넘긴 것이다. 그러다 2008년에 종로구가 매입해 복원공사를 시작해 2011년에 공사를 마치게 된다. 이런 과정을 거쳐 우리의 귀중한 문화재가 돌아오게 됐으니 얼마나 다행인지 모르겠다. 이 집은 당연히 시민들에게 개방되었는데 한 가지유감인 점이 있다. 집 안에서 사진을 찍지 못하게 하는 것이 그것이다. 요즘은 박물관에서도 유물 사진을 찍을 수있는데 이런 복제물(?)을 촬영하지 못하게 하는 것은 이해가 되지 않는다. 게다가 이 집은 시민들의 세금으로 복원

된 것 아닌가?

비운의 송진우 선생 집터 앞에서 고희동 집 내부를 사진으로 찍지 못해 아쉽지만 더 이상 실랑이를 벌일 수 없어 그냥 조용히 나왔다. 이 고희동 집 바로 앞에는 송진우 선생 집터가 있는데 지금은 레스빌이라는 이름의 건물로 바뀌어버렸다. 그런데 이전에는 길에 이 터가 선생의 집이라는 표지석이 있었던 것 같은데 지금은 찾을 수 없었다. 그래서 한참을 찾은 끝에 사진에서처럼 이 건물의 주차장 기둥에 붙어 있는 작은 간판에 안내문이 있는 것을 발견할 수 있었다. 처음 가는 사람들은 아마 이 집터를 찾는 일이 쉽지 않을 것 같아 설명을 한 것이다.

송진우는 바로 이 집에서 1945년에 암살을 당한다. 그에 대한 이야기는 많이 알려져 있으니 상세한 설명을 할 필요가 없다. 그것을 아주 간단하게 나열해 보면 다음과 같을 것이다. 일본 메이지 대학을 졸업하고 김성수와 같이 민족운동을 하고, 중앙고교 교장을 역임하고, 3.1 운동을 배후에서 기획했고, 특히 천도교와 기독교가 화합할 수 있게 한 공이 있고, 동아일보 사장을 지낼 때 손기정 선수의 옷에 있는 일장기를 지우고 사진을 내보낸 적이 있고, 해방 후에는 정치인으로 활약하다 반대파에 의해 암살당한 것

송진우 집터 알림 간판

이 그의 중요한 일생이라 할 수 있을 것이다.

　그의 암살을 기도한 배후가 누구인지에 대해 많은 추측이 있지만 그 논쟁에는 끼어들고 싶지 않다. 단지 이 자리에서는 해방 후 정치적으로 얼마나 많은 혼란이 있었는지에 대해서만 파악하면 될 것 같다. 이때 정치적 이유 때문에 암살을 당한 것은 송진우가 최초이고 그 뒤로 앞에서 본 여운형, 장덕수, 김구 같은 분들이 모두 똑 같은 비운을 겪었으니 당시가 정치적으로 얼마나 혼란스러웠는가를 알 수 있겠다. 그에 비해 현대 상황을 보면, 지금은 아무리 정적이라도 이렇게 죽이지는 않으니 그때보다 정치적인 수준이 더 나아진 것 아닌가 하는 생각을 가져본다.

북촌의 끝자락

궁녀와 부녀자들이 만나는 빨래터 다시 고희동 가옥을 지나 창덕궁 쪽으로 길을 따라 조금만 더 올라가보자. 그러면 창덕궁 담이 나오고 빨래터로 알려진 곳과 만나게 된다. 그런데 이 담의 밑은 뚫려 있고 그 사이로 물이 흐르고 있는 것을 목격할 수 있다. 여기가 빨래터이다. 이곳에서 궁녀들과 동네 부녀자들이 궁 안팎에서 빨래를 하면서 서로 이야기를 나누었다고 한다. 지금은 콘크리트가 덮여 있는데 이것은 근자에 길을 만들 때 생긴 것이라고 한다. 이전에는 작은 내를 가운데 놓고 여자들이 줄지어서 빨래했을 것이다. 그곳을 내려가 보면 밑이 텅 비어 있어 빈 공간이 있는 것을 알 수 있는데 이전에는 이곳이 서늘해서 노숙자들이 와서 쉬곤 했다곤 한다.

이곳이 빨래터가 된 이유에 대해서는 다음과 같은 이야기가 전해진다. 궁녀들이 이 물에서 세수를 하거나 빨래를 할 때 쌀겨나 조두를 많이 사용했단다. 그런데 주변에 살던 여인들이 그 물로 빨래를 하면 때가 잘 진다고 믿어 모여 들었다고 한다. 나는 이 설명을 확인하면서 조두라는 단어를 처음으로 접했는데 처음에는 '조' 계통의 곡식인가 했는데 사전을 찾아보니 조와는 아무 관계가 없었다. 한자

빨래터

북촌의 끝자락

로 '澡豆'라고 쓰는 조두는 녹두나 팥 따위를 갈아서 만든 가루비누란다(澡는 '씻다'라는 뜻이다). 이게 물에 풀어지면 물이 뿌예지는데 이것으로 빨래를 하면 때가 잘 진다고 생각한 모양이다.

정말로 때가 잘 지는지 어떤지는 알 수 없지만 여기에 빨래터가 생긴 데에는 또 다른 이유가 있을지도 모르겠다. 즉 이곳은 매우 후미진 곳이라 부녀자들이 안심하고 빨래를 할 수 있지 않았을까 하는 생각이 든다. 그리고 궁녀들도 답답한 궁 생활을 하다 이곳에 오면 부녀자들로부터 세상 돌아가는 소리를 들을 수 있었을 터이니 그들도 이곳에 오는 것을 좋아하지 않았을까? 이 빨래터에서 양자가 다 덕을 본 것이다.

덩그러니 홀로 서 있는 신 선원전 대문   여기서 이 빨래터보다 더 관심이 가는 것은 바로 왼쪽에 있는 큰 문이다. 처음에 이곳을 다닐 때에는 이 문이 무슨 문인지 몰랐다. 그저 창덕궁 후문 중의 하나 정도로만 생각했다. 그런데 후문 치고는 3개로 이루어져 그 크기가 아주 컸고 게다가 가운데 문이 솟아 있는 격식이 있는 문이라 보통 문으로 보이지 않았다. 그러나 이 문 앞에는 아무 설명이 없어서 이런 큰 문이 왜 여기 있는지 알 방법이 없었다. 그러다 이번 기

회에 심도 있게 북촌 일대를 파보니 이에 대한 답을 얻을
수 있었다. 이 문은 바로 신 선원전으로 들어가는 대문인
것이다. 보통 이런 문을 외삼문이라고 하는데 이런 대문은
가운데 문이 솟은 '솟을 대문'의 양식을 띤다. 이렇게 큰
외삼문이 있다는 것은 이 안에 굉장히 중요한 건물이 있다
는 것을 뜻한다. 그러면 이 문을 통해 들어가서 볼 수 있는
선원전이라는 건물은 대관절 어떤 것일까?

선원전은 어떤 건물?　선원전(璿源殿)이란 왕의 초상화와
왕실의 족보인 '선원록'을 보관하던 건물을 말한다. 이 건
물이나 제도는 종묘와 왕릉과 같이 이해해야 그 의미를 바
르게 파악할 수 있다. 조선에서는 왕이 죽으면 셋으로 나
뉘어 3군데에 모셔진다. 성리학에 따르면 사람은 혼백(魂
魄). 즉 영혼을 의미하는 '혼'과 육체를 의미하는 '백'으로
이루어져 있다. 이 혼백은 살아 있을 때에는 결합되어 있
으나 죽음을 맞이하면 둘로 분리된다. 따라서 사람이 죽으
면 이 둘을 모셔야 한다. 왕의 경우에 이는 요소를 어떻게
모셨을까?

간단하게 말해 왕의 혼(영혼)은 종묘에 모셔지고 백(육
체)은 왕릉에 모셔졌다. 이것은 이해하기 그다지 어렵지 않
다. 다른 사람들도 이와 비슷하게 하기 때문이다. 물론 일

신 선원전 외삼문

반 사대부나 평민들은 이보다 훨씬 작은 규모로 같은 일을 하지만 말이다. 그런데 왕의 경우에는 여기에 한 가지 일이 더 포함된다. 초상화를 이 선원전에 모시는 것이다. 이때 초상화는 한낱 그림에 불과한 것이 아니다. 이것은 왕의 인격체를 의미하는 것으로서 왕과 동격으로 우대되었다. 즉 초상화는 왕 그 자체인 것이다. 이렇게 되면 왕은 불멸의 존재가 된다. 혼과 백이 다 보존되고 생전의 인격마저 이런 방법으로 모셔지니 말이다.

이런 선(先) 이해를 갖고 선원전을 다시 보자. 원래부터 선원전이 이 자리에 있었던 것은 아니다. 선원전은 왕을 따라 옮겨 다니는 운명이어서 그때그때 소재하는 위치가 달랐다. 왕이 경복궁에 있을 때에는 당연히 선원전은 경복궁에 있었다. 그러다 임란 때 경복궁이 모두 불타 없어지지 않았는가? 이때 선원전도 소실되었는데 그 후에 곧바로 복원하지는 않았다. 숙종 때 그가 주석하고 있던 창덕궁에 새 선원전을 만들었는데 이때에도 건물을 새로 지은 것은 아니었다. 원래 있던 건물(춘휘전)을 선원전으로 이용한 것이다. 이 건물은 인정전 서쪽에 있는 것으로 지금은 구선원전이라 불리는데 창덕궁 밖에서도 그 건물의 일부가 보인다. 그러다 고종이 다시 경복궁으로 가면서 선원전역시 다시 경복궁으로 옮겨진다. 선원전의 이사는 여기서 끝난 것이 아니다. 아관파천 이후 고종이 덕수궁으로 거처를 옮겼을 때에 다시 새 건물을 지어 선원전으로 삼았기 때문이다.

그런데 이것도 불이 나 건물을 다시 지었는데 현재 우리가 보는 신선원전은 덕수궁에 있던 이 건물을 옮긴 것이라고 한다. 이 건물을 이전한 것은 1921년의 일로 이 일은 총독부가 담당했다고 한다. 굳이 그 다음 역사를 말하면, 여기에 보관되어 있던 왕들의 어진은 6.25 때 부산으로 옮긴다. 그런데 그 이후에 어처구니없는 일이 생긴다. 전쟁이 끝나고 1954년에 어진을 보관하고 있던 건물에 불이 나이 초상화들이 안타깝게도 모두 소진되고 만 것이다. 남은 것은 철종의 반쪽 어진뿐으로 그야말로 참담한 일이었다. 이 때문에 우리는 조선 왕들의 어진을 송두리째 잃었다.

지금 우리에게 남아 있는 조선 왕의 어진은 이성계나 영조의 어진뿐이다. 이 어진들은 다른 곳에 있었기 때문에 보존된 것이다(그나마 영조 것은 전신을 다 그린 어진이 아니다!). 어진의 사정이 이러 하니 이 신 선원전 안에는 어떤 어진도 있을 수 없다. 그 안은 텅 비었을 터인데 어진이 아예 없으니 채울 방도가 없겠다. 창덕궁에는 선원전이 두 개나 있는데 둘 다 비어 있으니 껍데기만 남은 것이 된다. 그래도 이 신 선원전은 건물 자체가 훌륭해서 건물이라도 구경했으면 하는데 그것 역시 불가능하다. 이 신 선원전 지역은 개방하지 않는 지역이라 우리가 가서 볼 수 없다.

신 선원전 자리에는 원래 대보단(大報壇)이 있었다! 우리는 이 건물을 왜 볼 수 없는 것일까? 그것은 이 건물이 동궐도에서 보는 것처럼 창덕궁의 서북쪽 끝이라는 아주 후미진 데에 있기 때문이다. 그래서 접근하는 것조차 힘들다. 그려면 이 건물은 왜 이렇게 후미진 데에 있게 되었을까? 그것은 원래 이 자리에 있던 건물(?)을 생각해보면 알 수 있다. 이 사정은 동궐도를 보면 잘 알 수 있는데 이 그림을 보면 이곳에는 대보단이라는 제단이 있었다. 대보단이란 제사를 지내는 단으로 그 대상은 놀랍게도 명나라 신종이다. 조선의 위정자들은 신종이 임진왜란 때 군대를 보내 조선을 구했다고 생각했기 때문에 그 큰 은혜에 보답하는 의미에서 숙종 대(1704년)에 돌을 쌓아 제단을 만든 것이다.

그 생김새는 사직단의 그것과 비슷한데 정사각형으로 한 변 길이가 7.5m이고 높이는 1.5m이었다고 한다. 그런데 조선 정부는 이 제단을 왜 만들었을까? 여기에는 조선의 강한 문화적 정통의식이 스며들어 있다. 명나라가 망하고 청나라가 들어서자 조선의 엘리트들은 중화사상은 더 이상 중국에 없고 조선으로 옮겨 왔다고 믿었다. 힘이 약해 비록 청나라에 항복 했지만 중화 사상은 조선에만 있다고 생각한 그들은 그것을 가시화 시킬 수 있는 방법을 찾았다. 그 방법 가운데 하나가 이 대보단을 만들어서 명의 황제를 제사지내는 것이었다. 그럼으로써 조선의 정치인들은 자신들만이 명나라 황제에게 제사를 드릴 수 있는 중화사상의 적자라는 것을 확인하고 싶었던 것이다.

그런데 문제는 이런 일을 중국(청) 몰래 해야 한다는 것이다. 특히 청나라 사신들이 왔을 때 이곳의 존재를 들키면 안 된다. 보안을 유지하기 위해서는 궐내에서도 아주 후미진 데에 대보단을 만들어야 한다. 그런 생각 끝에 대보단 자리로 결정된 곳이 바로 이곳이다. 이곳은 원래 내

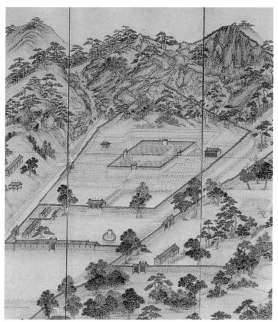
창덕궁 대보단(동궐도에서)

빙고, 그러니까 궁궐의 얼음 창고가 있던 자리란다. 그러니까 으스스한 곳일 텐데 이런 곳에 제단을 설치했으니 들킬 염려가 없었을 것이다. 이렇게 만들어졌던 대보단은 앞에서 말한 것처럼 일제가 이곳에 신 선원전을 건설하면서 사라지게 된다.

신 선원전은 이렇게 으슥한 곳에 있기 때문에 우리가 볼 수 없는 것이다. 너무 깊은 곳에 있기 때문에 일반에게 공개하지 않는 것이다. 그런데 다행히도 선원전을 볼 수 있는 곳이 있다. 그곳은 바로 그 옆에 있는 중앙고등학교의 운동장이다. 이 학교는 우리가 곧 갈 테지만 특이하게 운동장이 가장 안쪽에 있다. 그래서 대문에서 한참 걸어가야 운동장을 만난다. 그 운동장 한 켠에서 보면 밑으로 선원전이 아주 잘 보인다. 규모가 대단하고 건물들이 아주 좋다. 이 학교 나온 사람들 이야기를 들어보면 40여 년 전에는 마음대로 이곳을 들락날락했다고 한다. 공차고 놀다 공이 선원전 안에 떨어지면 담 너머 가서 주워오곤 했다고 한다.

동 북촌 끝의 명물, 한샘 연구소　이 외삼문 앞에서 이런 설명을 하고 있다가 왼쪽을 보면 기이한 건물이 하나 있는 것을 발견할 수 있다. 사진에서 보는 것처럼 유리로 뒤덮인 건물에 전통 식의 정자 건물이 붙어 있는 것처럼 되어 있는 건물이 있다. 내가 이 건물을 처음 본 것은 10년도 훨씬 전의 일이다. 그때 북촌 끝자락에 있는 이 건물을 발견하고 신세계를 본 것 같아 생경해 했던 기억이 새롭다. 이 건물은 어떻게 보면 예쁘고 어떻게 보면 단순해서 이해하기가 쉽지 않았다. 이 건물은 한샘 디자인 연구소로 정식 명칭은 '한샘 DBEW 연구소'이다. DBEW란 'Design Beyond East & West', 즉 동서양을 넘나드는, 혹은 넘어서는 디자인이라는 뜻이니 대단한 개념이 아닐 수 없다. 그러나 한편 동서양을 넘어서면 남는 게 무엇일까 하는 별 영양가 없는 생각도 해보았다.

　이 건물은 이 시대의 주요 건축가 중의 한 사람인 김석철 씨가 설계했다고 한다. 이 연구소의 소개 글을 보면 이 건축은 고궁의 '화계식' 건축과 궁의 건축 양식인 '가구법'을 추상화한 기법으로 만들었는데 옛 것과 새 것이 한 자리에 아름답게 만나는 모습을 보인 것이라고 한다. 화계식이라는 것은 궁궐 후원에 있는 것으로 꽃을 심어놓은 계단 정원을 말하는 것일 게다. 이 건물이 계단처럼 지어졌으니 그렇게 말할 만하다. 그런데 그 다음에 나오는 가구법이라는 것은 단지 기둥과 지붕 사이에 놓는 보라든가 도리, 다시 말해 지붕을 받치기 위해 세로나 가로 방향으로 놓은 나무들의 결구 방식을 말한다. 우리가 가구법을 말할 때

한샘 연구소

그것은 이때 쓰는 보나 도리의 숫자를 가지고 구분을 할
뿐 여기에 어떤 디자인 개념이 들어가는 것은 아니다. 그
리고 가구법은 궁에만 쓰는 게 아니라 일반적인 것이니 궁
의 건축 양식이라고 한정 지을 수도 없다. 게다가 그것을
가지고 추상화 했다고 하는데 무엇을 어떻게 했다는 것인
지 이해가 잘 되지 않는다.

　내가 처음에 이 집을 보았을 때 나는 그 디자인 개념을
이렇게 이해했다. 일하는 건물은 서양식으로 지었고 그 옆
에 정자는 한국식이니 분명 동양과 서양이 만난 것이다.
그리고 내 어줍은 생각에 일은 양식 건물에서 하다가 쉴
때에는 이 정자로 나와 쉬라고 한 것이 아닌가 하는 짐작

을 해보았다. 그런데 디자인이 너무 1차원적 아닌가 하는 생각을 피할 수 없었다. 왜냐면 한국적인 건물과 서양 건물을 그냥 붙여놓았기 때문이다. 그렇게 되면 디자인 충돌이 일어나기 쉽다. 상이한 개념을 가진 물질을 그냥 붙여놓았기 때문에 충돌이 날 수 밖에 없는 것이다. 이 같이 지은 건물이 또 있다. 한참 앞에서 거론한 적이 있는 신라호텔이 그것이다. 한옥으로 지은 로비를 그냥 옆의 객실 건물에 붙여버렸다. 이것도 너무 투박하게 디자인된 것이다. 흡사 한식 건물이 양식 건물에 기생하고 있는 느낌이다. 이곳은 그 정도는 아니지만 무언가 어색한 느낌을 지울 수 없다.

내가 이 집을 처음 보았을 때 들었던 인상은 무술 영화의 세트 건물 같다는 것이었다. 이소룡의 '사망유희'라는 작품(유작)을 보면 이소룡이 건물을 한 층씩 올라가면서 적과 싸우는 장면이 있다. 1층에 있는 상대와 싸워 이기면 2층으로 올라가서 또 그곳에 있는 상대와 싸우는 그런 식이다. 이 건물을 봤을 때 그 영화가 생각난 것은 무슨 이유일까? 공연한 생각인지 모르지만 여기서도 한 층 씩 올라가면서 적을 물리치는 그런 일을 해야 할 것 같은 느낌이 들었다. 또 어떤 사람은 이 건물을 보고 중국 돈황에 있는 막고굴의 건물들이 생각난다고 했다. 그곳에도 이렇게 전통 가옥을 여러 층으로 지은 것이 있는데 사진으로 보니 정말로 닮은 것 같았다.

어떻든 한국식 전통 개념으로는 이렇게 한옥을 몇 층씩 짓는 것은 잘 어울리지 않는다. 정자들이 너무 튀어 보인다. 한국 건물들은 자연을 거스르지 않고 주위와 조화를 잘 이루는데 이 정자들은 자신들을 너무 내세우고 있는 느낌을 받는다. 그래서 자꾸 '무리스럽다'는 느낌이 나는 것이다. 그러나 이런 것은 모두 주관적인 것이라 내가 맞는다고 우길 생각은 추호도 없다. 그런데 여기서 내가 간과한 것은 이 건물 안으로 들어가 밖을 보지 못했다는 것이다. 이 정자 안에서 바라보는 창덕궁의 광경은 아마 아주 예쁠 것이다. 또 층이 올라갈수록 전망이 좋아질 터인데 이런 것을 직접 보지 못했지만 블로그에 올라와 있는 사진을 보면 경치가 상당히 좋은 것을 알 수 있다.

접근이 원천적으로 금지된 백홍범 가옥 사실 이곳은 이 회사 건물을 보러오는 데에도 목적이 있지만 100년 이상 된 한옥을 보러 오는 것도 중요한 목적이 된다. 이 집은 원래 조선조 때 상궁이 살았다고 하는데 지금은 백홍범 가옥으로 알려져 있다, 이렇게 불리게 된 것은 별다른 것이 아니라 이 집이 민속자료로 등록될 때 소유주가 백홍범이라는 사람이었기 때문이다. 그런데 이 집은 한샘 사옥 안에 있기 때문에 접근할 수가 없다. 밖에서는 그 집의 지붕만 보이고 사옥의 솟을 대문 사이로 힐끗 부분적으로만 볼 수 있을 뿐이다.

그래서 이곳에 갈 때 마다 흡사 가난한 집 아이가 부잣집 안을 대문 사이로 흘겨보듯이 보는 것 같은 느낌이 많이 들었다. 처량한 마음으로 경비하는 이에게 조금 들어가서 보면 안 되겠는가 하고 사정해 보았지만 대문 근처로 오는 것 자체를 막는 판에 들어가 보는 것은 언감생심이었다. 들어와 보고 싶으면 공문을 보내라는데 그렇게까지 하면서 볼 필요는 없어 아직도 들어가 보지 못했다. 공연히 속으로 '돈 좀 있다고 이렇게 학생들의 작은 소원도 무시하나' 하는 생각이 들었지만 회사 입장을 이해 못 하는 바는 아니다. 공연히 이 집을 개방했다가는 몰려 오는 사람들 때문에 업무에 지장이 생길 수 있으니 어쩔 수 없을 것이라는 생각도 들었다. 그러다 어떤 학생이 용감하게 그 회사로 돌진해 이 집을 사진 찍는 데에 성공했다. 그리곤 곧 경비에게 끌려 나왔지만 말이다. 그 학생 덕에 여기에 그 집의 사진을 싣는다.

그런데 이 가옥이 이처럼 밖에서는 보이지 않기 때문에 사람들은 백홍범 가옥을 한샘 사옥 옆에 있는 큰 한옥인

백홍범 가옥과 그 내부

줄로 착각하는 경우가 종종 있었다. 나도 처음에는 그렇게 알았는데 조사해보니 이 큰 한옥은 롯데 집안에 소속된 사람이 살고 있다는 말이 있을뿐 정확한 것은 잘 모르겠다. 이 백홍범 가옥은 들어가 볼 수도 없으니 여기에서 시간을 지체할 필요는 없을 게다. 이 집에 대해 특기할 만한 사항만 훑어보고 다음 행선지로 가자.

서울시가 제공한 설명에 따르면 이 집은 '장희빈 집터'라고 불렸다는데 상궁 같은 궁궐 여성들이 은퇴해서 궐 밖으로 나왔을 때 머물던 집이라고 한다. 일반 은퇴 상궁들이 살던 집을 '장희빈 집'이라고 한 이유는 잘 모르겠다. 진짜 이곳에 장희빈이 살았는지 아니면 장희빈이 궁녀들을 대표한다고 생각해 붙인 이름인지 알 수 없다. 이 집은 ㄱ자로 되어 있는데 본채는 아니고 별채에 해당된다. 이러한 ㄱ자 형의 집은 서울에서 널리 유행한 소규모 주택이라고 한다. 안채는 현재 한샘 사옥이 있는 자리에 있었는데 헐린 모양이다. 그런데 이 별채도 작게 보이지 않는데 별채가 이 정도라면 안채는 이보다 훨씬 컸을게다.

이 집은 북촌이 정세권에 의해 개발되기 전부터 있었던 것으로 조선 후기의 집과 1930년 대 건설 회사들이 지은 집 사이에 위치해 과도기적인 형태를 띠고 있다고 한다. 건축가들에 따르면 이 집은 그 큰 틀은 옛날 집을 따르고 있지만 당시 새로 도입된 근대적인 자재들을 적극적으로 사용했다고 한다. 그러나 집 안으로 들어가 볼 수 없으니 집의 구조가 어떻게 되어 있는지 또 어떤 새로운 자재를 썼는지 알 수 없어 답답하기만 하다.

하나밖에 없는 궁중음식연구원 앞에서 그런 아쉬움을 갖고 가던 길을 다시 내려오면 곧 궁중음식연구원을 만날 수 있다. 이 기관은 1971년에 설립된 것으로 중요무형문화재인 '조선왕조 궁중음식'을 전수(傳授)하는 것을 목적으로 하고 있다. 이 전수가 구체적으로 무엇을 뜻하는지 사전을 찾아보니 '기술이나 지식 따위를 전하여 주다'로 되어 있었다. 이것을 풀어보면 대체로 '보전하고 연구하고 교육하고 보급하는' 기능을 뜻하는 것 아닌가 싶다.

현재 원장은 한복려 씨인데 이 기관을 처음에 만든 사람은 이 분의 모친인 황혜성 선생이다. 황 선생은 숙명여대 재직 시절 한희순이라는 상궁에게서 궁중음식을 전수받게 된다. 1942년부터 시작하여 약 30년간 사사했다고 하니 정말로 열성적으로 배우신 모양이다. 그래서 궁중음식에 관련해서 한 씨가 1대 기능보유자가 되고 황 선생이 2대, 그리고 한복려 씨가 3대 기능 보유자가 되었다. 한희순 선생은 고종 39년, 그러니까 1902년에 덕수궁 주방나인으로

궁중음식연구원

궁에 들어가 일을 했다고 하는데 대한제국 시절에는 순종의 계비(이전 왕비가 죽어 새로 왕비가 된 사람) 윤 씨의 음식을 담당하는 주방 상궁이었다고 한다. 계비 윤씨는 1966년에 죽고 한 씨는 1965년까지 그 자리에 있었는데 그곳에서 경험한 것을 모아 1957년에 『이조궁정요리통고』라는 책을 출간했다. 물론 이 책은 황혜성 선생과 같이 출간한 것이다.

그런데 이 분들의 이야기를 들을 때 마다 의문이 생기는 것은 한희순 선생이 수라간에서 차지하는 위치가 무엇이었냐는 것이다. 내가 알기로 수라간에서 음식을 만든 사람은 남자들이다. 사람들은 대장금 같은 드라마 때문에 수라

황혜성 선생과 한복려 선생

를 여자들이 만들었다고 생각하기 쉽지만 그것은 전혀 사실이 아니다. 수라간에서의 남자와 여자의 비율은 14 대 1 정도였다고 하니 음식은 대부분 남자들이 만든 것임을 알 수 있다. 이 얼마 안 되는 여자들도 음식을 만들었던 것은 아니고 주로 허드레 일을 했다. 만일 이 말이 사실이라면 한 씨는 궁중음식을 만든 것이 아니다. 설혹 음식을 만드는 데에 참여했더라도 부분적인 데에만 참여했을 확률이 높다. 그런 분이 궁중음식 전체를 전수할 수 있을까? 또 한 사람이 전체 궁중음식을 다 안다는 것은 불가능한 일 아닐까?

그러나 추측을 해보면, 고종이 헤이그 밀사 사건을 책임지고 강제 퇴위 당했을 때 대궐에 있던 내시들과 남자 요리사들이 대거 해고되었다고 한다. 그때 요리사 가운데 안순환이라는 분이 있어 궁중음식을 가지고 명월관이라는 음식점을 연 사실은 잘 알려진 것이다. 이렇게 해서 대궐에 남자 요리사들이 없어지자 그때부터 궁녀들이 요리를 담당하게 된 것 아닌가 한다. 만일 한 씨가 그때부터 궁중요리를 배웠다면 전문가가 되고도 남을 시간이다. 게다가 선생은 다년간 순종의 계비 윤씨의 주방 상궁으로 있었다고 하니 궁중음식을 정통으로 배우고 계승했을 것이라는 추측이 가능하다.

어떻든 이 자리에서는 끊어질 뻔한 조선의 궁중음식이 황혜성이라는 개척자에 의해 이어지고 정리되었다는 사실을 확인하면 된다. 근대 학문을 배운 황혜성 선생이 한 씨를 비롯해 여러 상궁으로부터 이 궁중음식을 계량화하고 조리법 등을 전수받아 정리하지 않았다면 이 귀중한 유산이 사라질 뻔했는데 다행히 보존됐다는 안도감을 느끼면 되는 것이다. 그런 감정과 함께 이런 문화 영웅들을 다시 생각해보는 시간을 가져보면 좋을 것이다.

그런데 이곳에 가면 항상 아쉬운 것이 있는데 그것은 이 연구원의 건물이다. 그냥 여느 음식연구소라면 건물이 어떻든 상관없지만 이곳은 명색이 한국에 하나밖에 없는 궁중음식연구소 아닌가? 그렇다면 건물도 궁을 닮아야 하는 것 아닌가 하는 생각을 해본다. 혹시나 어떤 외국인이 한껏 기대를 하고 왔는데 지금의 건물을 보면 실망하지 않을까 하는 노파심이 든다. 한복려 선생은 이전 정부의 어떤 위원회 활동을 같이 한 인연이 있어 한 번 말씀드려보려고 했는데 기회가 잘 나지 않았다. 아마 재정적인 문제 때문에 본격적인 개수를 하지 못 한 것 같은데 어떻게든 궁중음식연구원으로서 위용을 갖추었으면 하는 바람을 가져본다.

북촌을 나오며

굳건히 버티고 있는 중앙고등학교   이제 우리는 거의 마지막 행선지인 중앙고등학교로 간다. 힘들지만 다시 고개를 넘어서 가야한다. 고개를 넘어가면서 보면 이른바 빌라라고 불리는 다세대 건물들이 양쪽 골목에 빼곡히 들어서 있는 것을 발견할 수 있다. 좁은 골목에 5층 정도 되는 건물들이 양쪽으로 가득 서 있다. 북촌에서 빌라의 밀집도로 따지면 이곳이 가장 높을 게다. 그래서 사람들은 원래부터 이곳에 빌라가 있었을 것이라고 생각하기 쉬운데 그것은 전혀 사실이 아니다. 이곳 역시 한옥밖에 없던 지역이었다. 그랬던 게 이렇게 빌라촌으로 변했다. 북촌의 다른 곳은 빌라가 있어도 그 사이 곳곳에 한옥이 있는데 이 지역은 한옥이 한 채도 없다. 한옥을 왕창 다 밀어내고 빌라를 지은 것이다. 전 북촌 지역 가운데 왜 이 지역만 이렇게 한옥이 초토화 됐는지는 잘 모르겠다. 아쉬운 것은, 이곳은 창덕궁이라는 세계문화유산 바로 옆에 자리한 동네인데 이렇게 그 국적이 모호한 빌라만 있다는 것이다. 여기에 예전대로 한옥들이 있었으면 옆의 궁과 얼마나 잘 어울릴까 하는 헛된 망상을 가져본다.

그런데 이런 빌라 밀집 지역을 볼 때 마다 드는 공연한 의문은 저렇게 골목이 좁은데 주차는 어떻게 하나 하는 것이다. 이것은 주민에게 직접 물어봐야 알 수 있는 질문일 터인데 우리 답사의 주제인 역사에 관계된 질문이 아니라 선뜻 물어보지 못했다. 또 이 문제는 내가 걱정할 문제는 아니라 반드시 물어보려고 하지도 않았다.

스치는 그런 생각과 함께 중앙고등학교로 들어가 보자 (주말에만 들어갈 수 있다!). 이 학교를 들릴 때마다 드는 생각은 이 근처에 수많은 학교(중고교)들이 있었는데 어찌 해서 이 학교(그리고 덕성여고)만 남게 되었는가 하는 것이다. 이 지역에는 학교가 굉장히 많았다. 언덕 너머에는 경기고

(현 정독도서관)가 있었고 앞에서 본 것처럼 현 현대 건설자리에는 휘문고가 있었다. 이것은 시작에 불과하다. 헌법재판소 자리에는 창덕여고가, 조계사 옆 공원에는 중동고가, 조금 떨어졌지만 청와대의 기동경찰대 자리에는 진명여고가 있었다. 이 학교들이 이 지역에 밀집되어 있었는데 지금은 모두 이사가고 유이(唯二)하게 중앙고와 덕성여고만 자기 자리를 지키고 있다. 그래서 이상하다는 것인데 그 이유는 잘 모르겠다. 이 학교의 재단 측에서 로비를 잘 한 것인지 아니면 졸업생들이 힘을 쓴 건지, 또 아니면 정부 시책과 관계되어 이전을 면한 것인지 잘 모르겠다는 것이다. 그나마 안국동 삼거리에 남아 있던 풍문여고도 이전했으니 남아 있는 학교가 더 줄었다.

사정이 어떻든 이곳에 오면 나는 중앙고 출신들이 부럽다는 생각을 많이 한다. 이 학교는 그들이 어렸을 때 3년 내지 6년을 매일 다니면서 많은 추억을 쌓은 곳 아닌가? 그런데 중앙고 출신들은 언제든지 학교에 와서 그 추억을 되새길 수 있으니 얼마나 좋겠느냐는 것이다. 나는 그런 추억을 송두리째 빼앗겼다. 내가 다닌 초등(국민)학교와 중고교가 모두 사라져 버렸으니 말이다. 특히 초등학교는 좋은 추억이 많은데 되찾을 수 있는 기회를 다 날려버렸다. 이렇게 되면 내가 초중고를 다닌 12년 세월은 '허당'이 된

중앙고등학교 입구(위) 및 중앙고 본관(아래)

것이다. 왜 이렇게 한국인들은 과거를 중시하지 않는지 안타까워 미칠 지경이다.

이 학교에 오면 나는 이 학교의 유래나 3.1 운동과의 관련성, 또 '겨울연가' 촬영지라는 사실보다 이런 생각이 제일 많이 든다. 이런 역사에 관한 이야기들은 다 지나간 것이고 나와 직결되는 것도 아니다. 학습용으로만 떠들 뿐이다. 그러나 소극적으로 생각해 보면 이 학교라도 제자리에 있는 것이 고맙다. 여기서 이 학교가 내가 나오지 않은 학교라는 것은 전혀 문제가 되지 않는다. 그보다 옛것을 때려 부수기 좋아하는 한국인들이 여기서는 힘을 못 쓴 게 다행스럽기만하다.

그런 개인적인 푸념은 뒤로 하고 이 학교에 대해서 잠깐 살펴보자. 이 학교가 생긴 배경은 조금 복잡한데 그것은 중요하지 않은 것이니 아주 간단하게만 보자. 이 학교의 출발은 이렇다. 교사 문제로 어려움을 겪고 있던 '융희학교'라는 학교와 재정난으로 힘들었던 '기호학교'라는 학교를 병합해 만든 '사립중앙학교'(1910년 개교)에서 이 학교가 비롯되었다는 것이다. 김성수는 이 학교의 1회 졸업생이고 5년 뒤에 이 학교를 인수하고 1917년에 현재 위치로 옮겨 오게 되는데 이런 정보들은 모두 전화기를 두들기면 나오는 단순한 정보들이다. 또 앞에서도 언급한 것처럼 김

중앙고 서관

중앙고 동관

성수, 현상윤, 송진우 같은 분들이 이 학교 숙직실에서 모여 3.1운동의 거사를 모의했다는 것도 잘 알려져 있다. 그 숙직실은 없어지고 그 앞에는 안내판만 있을 뿐이다. 학교에서는 이 사건을 기념하고자 강당 옆에 '삼일기념관'이라는 작은 한옥을 지어 당시 상황을 전하고 있다.

이 강당도 나름 유명하다. 왜냐하면 겨울연가가 이곳에서도 촬영되었기 때문이다. 이곳뿐만 아니라 이 학교의 곳곳이 그 드라마에 나왔는데 그것은 두 주인공(배용준과 최지우)이 이 학교를 다닌 것으로 나오기 때문이다. 그 외에도 드라마 도깨비를 촬영하기도 하고 걸그룹인 '여자친구'가 본관 앞에서 뮤직 비디오를 찍었다는 것도 여담으로 전하고 싶다.

역사적인 중앙고등학교 건물들 사실 이 학교에서 중점적으로 보아야 할 것은 본관을 비롯해 동관, 그리고 서관 같은 건물들이다. 이 건물 모두가 오랜 역사를 간직하고 있기 때문이다. 우선 본관부터 보자. 사람들은 이 건물을 처음 보았을 때 고려대학교 본관과 똑 닮은 것을 발견하고 신기해한다. 이 두 건물이 닮을 수밖에 없는 이유는 단순하다. 한국의 대표적인 근대 건축가 중의 한 사람으로 지목되는 박동진(1899~1980) 선생이 설계했기 때문이다. 그는 이 건물 말고도 고려대학교의 여러 건물들과 조선일보 사옥 등을 설계했다. 그는 총독부에서 기사로 일을 하고 있었을때 김성수를 만나 의기투합하게 된다. 당시 그의 나이는 30대 중반이었고 김성수는 40대 초반이었다. 박동진은 3.1 운동에 가담한 이유로 옥고를 치렀기 때문에 3.1 운동을 주동한 김성수와 민족의식적인 면에서 통하는 바가 많았던 것 같다. 그가 고려대학의 건물 중 10개에 가까운 건물을 설계할 수 있었던 것도 이러한 배경이 있을 것이다.

원래 이 본관에는 다른 건물이 있었다고 한다. 2층짜리 벽돌건물이었는데 이게 1934년에 화재로 타버리게 되자 김성수가 박동진에게 1935년에 설계를 부탁해 1937년에 완성한 것이 이 건물이다. 이 건물은 석조 콘크리트 철근 2층으로 전체의 모습은 H자형의 모습을 띠고 있다. 그러니까 이 건물은 뼈대는 콘크리트 철근이고 겉에 돌을 붙여 만든 것이다. 이런것 말고 독특한 건축적 요소도 발견된다. 건물의 정 가운데에 서양 중세의 성에 있을 법한 고딕풍의 4층탑을 만든 것이 그것이다. 이런 디자인은 당시 일본인 건축가들은 쓰지 않던 것이라는데 박동진은 이런 건축법을 좋아했던 모양이다. 그리고 외부의 벽은 한국에서 나는 화강암으로 처리했는데 이때 돌을 쌓는 방법으로 '완자 쌓기(卍자처럼 쌓는 방법)'라는 전통적인 방법을 이용했다고 한다. 그러니까 이 건물은 전근대와 근대, 서양과 한국적인 요소들이 혼합되어 건설된 것을 알 수 있다.

그런데 내가 더 주목하고 싶은 건물은 이 본관 뒤에 있는 동관과 서관이다. 이 가운데 서관은 1921년에 준공되었고 그 옆에 있는 동관은 2년 뒤인 1923년에 준공되었다. 두 건물 다 T자형으로 되어 있고 건물의 구조나 특징이 비슷하지만 나중에 지은 동관이 조금 더 크다. 이 건물에 대한 평을 간단하게 줄여보면, 일부 창에 뾰족한 아치형 틀을 만들고 가파른 지붕이 있는 고딕 양식을 취하고 있다고 하는 것 같다. 그런데 고딕 양식을 그대로 따르지 않고 단순화해서 적용시켰다고 한다. 단순화 한 고딕 양식은 어떤 고딕 양식을 말하는 것일까? 곰곰이 생각해보니 서울역 옆에 있는 약현 성당이 떠올랐다. 이 성당은 명동 성당의 고딕 양식을 단순화해서 만든 것으로 유명한데 이 두 성당의 사진을 갖다 놓고 비교해보면 그 단순화의 모습을 금세 알 수 있다. 그러고 보니 이 학교의 이 건물들에서도 세부적인 것들이 생략된 모습이 보였다.

중요한 것은 이 건물의 설계자인데 일본의 유명한 건축가 나카무라 요시헤이[中村與資平, 1880~1963]라는 사람이 그 주인공이다. 이 이는 동경대 건축학과를 졸업하고 한국과 중국을 넘나들면서 많은 건축을 설계했다고 한다. 이

군산근대건축관

사람은 한국에 많은 작품을 남기는데 우리가 쉽게 접할 수 있는 것은 천도교 중앙대교당과 덕수궁 미술관, 군산근대건축관 등이 있다. 또 다츠노 깅고[辰野金吾]가 설계한 조선은행의 본점[현 한국은행 화폐박물관]이 1912년에 준공될 때 건축 고문의 역할을 하는 등 한국과 인연이 많은 사람이다. 다츠노 깅고는 동경역사나 일본의 제일은행 본점을 설계하는 등 당시 일본에서도 내로라하는 건축가였다.

이 건물이 건설된 배경은 이쯤 하면 되었고 문제는 이 두 건물을 어떻게 이해할 수 있겠느냐이다. 나카무라가 설계한 다른 건물과 비교해볼 때 이 건물은 디자인이 매우 단순하다. 학교 건물이라 그런지 화려한 장식 같은 것이

천도교 중앙대교당

북촌을 나오며

동관의 세부(창문을 받치는 돌)

없다. 간결하고 수수한 디자인이다. 그러나 그런 단순한 디자인 가운데에서도 세부들이 아주 말끔하게 처리되어 있는 것을 알 수 있다. 나는 이런 일제기의 건물을 볼 때마다 창을 받치고 있는 돌이나 기단 부분의 돌을 어떻게 처리했는가를 세심하게 본다. 세부에 강한 일본인들이라 아주 작은 부분일지라도 그것을 적당히 처리하지 않고 세심하게 다듬어 놓기 때문이다. 이 건물도 그런 부분들이 아주 세심하고 유려하게 처리되어 있는 것을 알 수 있다. 당시에 만든 건물들은 전부 이런 식으로 건설되어 있다. 나는 이런 것을 볼 때마다 일본인들의 치밀하고 섬세한 정신을 읽는다.

일본인들의 이러한 성향을 알기 위해서 그다지 많은 시간이 필요하지 않다. 이 두 건물의 앞에 있는 본관 건물과 비교해 보면 되기 때문이다. 내 개인적인 생각에 그칠지 모르지만 이 본관 건물은 전체적으로 볼 때 콤팩트(compact)한 맛이 없다. 힘이 모아지지 않는다. 그래서 지은 지 80년이 된 건물인데 그 두께나 유구함이 잘 느껴지지 않는다. 이것은 고려대학교 본관도 마찬가지이다. 만일 어떤 서양 건물이 그 역사가 80년이 되었다면 우리는 그 건물에서 유구한 역사와 문화를 읽어낼 수 있다. 멀리 갈 것도 없이 뒤에 있는 동관과 서관을 보라. 거기에는 전체적으로 관통하는 어떤 힘이 있다. 디자인은 단순하지만 범상치 않은 건물이라는 것을 금세 알 수 있다. 그런데 이 본관에서는 그런 힘이 느껴지지 않는다. 그냥 허방한 느낌뿐이다. 또 세부를 보라. 창 밑을 받치고 있는 돌을 보면 적당히 처리해 놓았다. 그래서 콤팩트한 맛이 느껴지지 않는 것인지도 모르겠다.

왜 이런 차이가 나는 것일까? 그것은 아마도 우리의 건축 설계의 역사가 길지 않은 때문일 것이다. 게다가 당시 한국의 지식인들은 서양 문화를 직접 받아들이지 못했다. 당시 일본인들은 서양 문화를 직접 받아들였지만 우리는 같은 것을 일본을 거쳐서 받아들이지 않았는가? 그렇게 한 번 일본에 의해 변형된 것을 받아들이게 되니까 서양 문화를 제대로 전수하기가 어려웠을 것이다. 위에서 말한 나카무라는 오스트리아 건축가와 같이 일을 했다고 하니 그는 서양 문화를 직접 전수한 것이다. 그에 비해 박동진 같은 한국 건축가는 일본인이 소화한 서양 문화를 받아들인 것이니 그 농도가 묽어질 수밖에 없을 것이다. 문화란 원래 본류에서 멀어질수록 허방해지고 힘이 빠지게 된다.

이런 식으로 설명하면 학생들이 알아차리는지 아닌지 잘 모르겠다. 한 가지 확실한 것은 이 학교의 본관과 동서관을 보고 그 차이를 감으로라도 알지 못한다면 내가 하는 이야기를 알아듣지 못한 것이라는 것이다. 이 두 건물을 비교하면서 제대로 이해하려면 공부를 많이 해야 하고 또 현장에서 많은 건물을 보아야 한다. 그러니 그게 어디 쉬운 일이겠는가? 어떻든 그렇게 설명해주고 우리는 더 뒤로 들어가 운동장으로 간다. 그럼 대부분의 사람들은 탄성을 낸다. 왜냐하면 그 뒤에 아무것도 없을 것 같은데 갑자기 큰 운동장이 나타나기 때문이다. 건물 사이로만 들어가다 큰 운동장이 나오니 갑자기 시야가 터져서 놀라는 것이다. 그 운동장을 볼 때마다 이 학교 학생들은 복이 많다고 생각했다. 이렇게 아름다운 산으로 쌓여 있는 넓은 공터에서 운동을 하니 얼마나 좋겠는가?

중앙고 운동장

　그런데 아마 학생들은 어려서 그런 것을 잘 모를 것이
다. 남자 아이들은 어릴 때에 그저 운동장에서 공 차는 것
만 알지 그 주변 자연을 감상하고 풍수를 논하는 그럴 능
력이 없다. 내가 나온 고등학교도 지금 가보면 천하의 좋
은 경관, 그러니까 인왕산과 북악산이 훤히 보이는 곳인
데 그곳을 6년씩이나 다녔으면서도 그런 것을 하나도 눈
치 채지 못했다. 그것을 안 것은 50살 부근이 되어서야 가
능하게 됐으니 아주 늦게 철이 난 것이다. 왜 그때 선생들
은 우리에게 그런 것을 말해주지 않았을까 하는 불만을 가
져보는데 그때에는 말해주어야 우리가 알아듣지 못했을
것이라는 생각이 든다(그런데 사실은 아마 그들도 알지 못했을

것이다).

신 선원전을 볼 수 있는 유일한 곳에서 우리가 이곳에 온 것
은 이 학교의 운동장을 구경하러 온 것이 아니다. 앞서 말
한 것처럼 신 선원전을 보러 온 것이다. 이 건물을 보기 위
해서는 오른쪽으로 가야 한다. 운동장 끝에는 철망이 쳐
있고 그 밑에 바로 우리가 고대하던 신 선원전 건물이 장
엄하게 자리 잡고 있다. 선원전의 본전은 사진에서 보는
바와 같이 굉장히 긴 건물이다. 이렇게 긴 건물은 궁 안에
도 흔치 않다. 측면이 4칸이라는 것은 알 수 있지만 정면
은 셀 수 없으니 정확히는 모르겠다. 10여 칸은 족히 되겠
다. 거기다 부속 건물들도 만만치 않다. 상당히 많은 부속
건물들이 있다. 왕의 초상화를 모신 건물이라 장엄하게 지
은 것이리라. 그래서 이 지역 전체를 보면 흡사 궁이 하나
들어 서 있는 느낌을 받는다.

그런데 여기에는 철망이 있어 사진 찍는 데에 힘이 든
다. 망 사이로 사진기를 집어넣어 어렵게 찍을 수 있을 뿐
이다. 그래서 좋은 사진을 찍을 수 없는 게 안타깝다. 그렇
지만 이렇게 좋은 건물을 보는 것이 큰 기쁨이라 사진 찍
는 일이 불편한 것은 감내할 만하다. 이 지역으로 답사를
오는 사람들에게는 이곳을 꼭 들리라고 하고 싶은데 그러

중앙고 운동장에서 보이는 신 선원전 내부

려면 날짜를 가려서 가야 한다. 이 학교는 주말에만 학교를 개방하기 때문에 그때 와야 한다. 수년 전에는 아무 때나 들어갈 수 있었는데 그 겨울연가인가 뭔가 하는 드라마 때문에 사람들이 하도 몰려오니 고육지책으로 주말에만 개방하게 된 모양이다. 주중에 사람들이 들어오면 학생들 수업에 지장이 있으니 그리 했을 것으로 생각되는데 같은 선생의 입장에서 생각해보면 충분히 이해할 수 있다.

동 북촌을 빠져 나가며　이제 이번 일정을 마무리 할 시간이다. 큰 길로 나가서 식당이나 집으로 가야 하는데 가다 보면 또 간단한 설명이 필요한 곳들이 나온다. 그것을 훑으면서 일정을 마쳐야겠다. 중앙고등학교에서 다시 언덕길을 올라 왼쪽 골목으로 들어가면 겨울연가에서 여주인공으로 나온 최지우가 살던 집터가 나온다. 10여 년 전에 이곳을 다닐 때에는 그 집이 있었다. 그때에는 일본인들이 한참 몰려오던 시기여서 이곳에 답사 왔다가 중앙고교 앞에만 가면 일본인들이 작은 승합차를 타고 몰려드는 것을 노상 목격했다. 또 그때에는 학교 옆에 한류 관련 상품 파는 집이 많아 4개까지 늘어난 적도 있었다. 그런데 지금은 3개 정도로 준 것 같은데 요즘은 일본인은 물론이고 중국인들도 오지 않을 텐데 어떻게 수익을 맞추는지 알 수 없다.

겨울연가 주인공인 최지우가 살던 집 터(지금은 다른 건물이 들어 서 있다)

　　이 최지우가 살던 집은 일본식 양옥이었는데 일본인들
이 많이 올 때에는 입장료를 내면 안을 구경할 수 있었고
차를 주었다. 나는 그 드라마를 보지 않았기 때문에 관심
이 없어 집 안으로 들어가보지 않았다. 그런데 그 집이 철
거된 지금 그때 들어가서 사진이라도 찍어놓았으면 하는
아쉬움이 남는다. 나는 그 집이 헐리고 새 한옥이 지어지
는 과정을 다 지켜보았는데 누가 그 집의 주인인지는 잘
모른다. 사진에서 보는 것처럼 한옥을 너무 육중하게 지어
놓아서 별 관심이 가지 않았다.

　　그 길을 따라 조금만 더 가면 북촌을 전망할 수 있는 집
이 나온다. 이전에는 찻집 같은 것이어서 들어갈 생각을

북촌 전망대 입구

안 했는데 전망대로 바뀌어서 한 번 들어가 보았다. 입장
료는 3천원이었고 2층에 가면 차를 한 잔 마시면서 북촌
을 감상할 수 있는데 기와지붕이 보이는 경치가 나쁘지 않
았다. 그러나 그것보다 오랫동안 답사를 했기 때문에 노곤
해진 몸을 쉬기에 더 적합했다. 그 바로 옆에는 한상수 자
수박물관이 있는데 그곳에는 그가 만든 것을 포함해 그동
안 수집한 자수 관련 유물들을 전시하고 있다. 2005년에
개관했으니 꽤 오래 전의 일이다. 나는 자수에는 별 흥미
가 없어 들어갈 생각을 하지 않았는데 입장료(3천원)까지
있어 더욱더 들어갈 엄두를 내지 않았다. 내가 이 집에 흥
미를 가졌다면 그것은 이 집이 꽤 크기 때문이었다. 대지

이상한 문이 달린 한옥

가 100평 쯤 된다고 하니 북촌에서는 매우 큰 집에 속한다. 그래서 그곳에 갈 때마다 들어갈 생각은 안 하고 밖에서 빠끔히 들여다만 보고 갈 길을 재촉했다. 집만 구경하고 지나친 것이다(2018년 2월 현재 자수박물관은 폐쇄됐다).

그곳서 조금만 가면 왼쪽으로 북촌공예체험관으로 가는 골목이 있다. 이곳으로 들어가면 곧 이 체험관을 만나는데 더 들어가면 '금박연'이라는 전통금박공예공방도 나온다. 이곳에서 이 두 집도 간단하게 방문할 만하지만 나는 이 두 집이 생기기 전부터 골목길 체험을 위해 이 골목을 들락날락했다. 잘 알려진 것처럼 북촌의 묘미는 골목에 있다. 끊어질 듯 이어지고 또 꼬불꼬불 한 북촌의 골목길

북촌 골목길 풍경

은 한국 마을의 정취를 잘 보여준다. 막힌 것 같은데 가보
면 또 길이 있다. 이 골목길은 여기 사는 사람들에게는 삶
의 장소였다. 저녁이 되면 주민들이 이곳에 나와 서로 소
통 하고 정보를 나누곤 했는가 하면 아이들에게는 이 골목
이 바로 놀이터이었다. 골목길은 주택에서 보면 외부이지
만 동네 입장에서 보면 내부가 된다. 이 길은 그냥 길이 아
니라 주민들의 삶의 공간이었다.

　그런 생각을 갖고 다니다 보니 어느 날인가 이 두 공방
이 생겼다. 나는 갈 때 마다 이 두 체험관을 꼭 들리는데
그 한 가지 이유는 일단 입장료가 없기 때문이다. 게다가
공예공방은 화장실도 쓸 수 있어 좋다. 그러니까 마지막에

쉬면서 '화장을 고치고' 한옥을 감상할 수 있어 좋다는 것이다. 사실 이 한옥은 완전히 새로 지은 것이라 내 관심사는 아니다. 서울시가 한옥을 지은 것이라 그런지 일반적인 한옥의 느낌만 나고 특색은 느낄 수 없었다. 그리고 나는 공예에는 별 관심이 없어 그 내용에 대해서는 꼼꼼하게 챙겨보지 않았다. 그러나 관심이 있는 사람은 전통공예를 체험할 수 있는 좋은 장소로 알고 있다. 내 중국인 제자 하나가 이곳에서 보자기 만드는 법을 배워 이 집의 프로그램은 조금 알고 있다.

거기서 조금만 더 가면 앞에서 말한 금박연이 나오는데 이 집은 장식으로 옷에 금을 붙이는 일을 하는 공방이다. 처음 이곳에 갔을 때 금박연이라는 이름이 생소해 들어갈까 말까 망설였는데 문이 열려 있어서 일단 들어가 보았다. 그랬더니 안채에서 웬 젊은 분이 나와 설명을 해준다고 해 얼떨결에 전시장에서 설명을 들었는데 생소하지만 아주 재미있는 설명이었다. 나중에 찾아보니 이 분은 5대째 이 일을 하고 있는 김기호 씨였다. 고조(5대) 할아버지인 김완형 선생부터 이 공방을 했다는데 당시는 철종 시절이었다고 하니 상당히 오래 전의 일이다(고조가 조선 시대에 살았다는 것이다!).

그때 들었던 설명 중에 이 금박을 할 때 쓰는 풀이 조금 특이했던 기억이 있는데 이 글을 쓸 때에는 어떤 풀인지 생각이 나지 않았다. 그래서 찾아보니 민어의 부레를 끓여 만든 풀이라 나와 있어 그제야 그때 들었던 설명이 생각났다. 그 풀을 배나무로 만든 도장에 발라서 원단에 찍고 그 위에 얇게 편 금을 붙이는 것이 이 공예의 실체이다. 이때 도장 재료로 배나무를 쓰는 이유는 이 나무는 나뭇결이 거의 없어 자국이 남지 않기 때문이란다. 이런 이야기는 생전 처음 듣는 것이라 다시 새겨 보아도 재미있다.

다시 골목을 나오기로 하는데 여기서 아주 간단한 팁을 제공해야겠다. 아까는 왼쪽으로 난 골목으로 들어갔지만 이번에는 오른쪽으로 난 골목으로 들어가면 아주 가파른 계단이 나오는데 그 위에서 보는 서(西) 북촌의 모습도 나쁘지 않다. 사실 서 북촌보다는 이 길이 특이해서 가보면 좋을 것이다. 계단이 가팔라서 이색적이다. 바로 앞을 보면 하얀 양옥 건물이 있는데 이것은 김영사 출판사이다. 나는 이 출판사에서 책을 세 권 정도 출간했기 때문에 한때 이곳을 많이 출입했는데 요즘은 왕래가 별로 없다. 그 바로 옆에는 가회동 성당이 있는데 이 자리에서는 잘 보이지 않는다. 이 계단이 요즘에는 꽤 알려져 사람들이 일부러 이곳에 와서 사진을 찍는 것 같았다.

민화 박물관 자리에서 이 골목 바로 밑에는 가회민화박물관이 있던 한옥이 있다. 이곳은 원래 민화연구가인 윤열수 선생이 자신이 모은 민화나 부적 등을 가지고 2002년에 문을 연 박물관이었다. 그랬던 것이 2016년 여러 가지 이유로 안타깝게도 윤 선생은 이곳을 떠난다. 서울시와의 계약에 무슨 문제가 생긴 모양이었다. 본인은 통 크게 이 집을 서울시에 양보하고 나왔다고 하는데 그 진상은 잘 모르니 무엇이라 말할 수 없지만 거의 쫓겨난 것 아닌가 하는 생각이다. 지금은 원래의 위치에서 도보로 2~3분밖에 안 걸리는 북촌로 어느 빌딩(가회빌딩)의 지하에 다시 개장했는데 그곳은 아직 가보지 못했다.

이런 작금의 상황을 목격하면서 가장 강하게 드는 문제 의식은 우리 민화가 왜 이런 대접을 받아야 하느냐는 것이다. 다시 말해 이렇게 푸대접을 해도 되느냐는 것이다. 내가 공부해 본 바로 민화는 한국인의 성정을 가장 잘 대변해주는 '세계적인' 예술 작품이다. 그런데 그런 것을 초기에 연구하고 수집한 분이 자신의 터전에서 쫓겨나듯 나와서 그 세계적인 작품들과 함께 건물 지하로 피신했다는 게 말이 되는 것인가? 내가 여기서 민화가 세계적이라고 말한 이유는 민화의 표현법에서 보이는 상상력이나 파격적인 표현법 등이 인간의 능력을 넘어선 것처럼 보이기 때

제5회 대갈문화축제 사진 (가회민화박물관 제공)

문이다. 이것은 내가 공연히 지어낸 것이 아니라 조선 예술을 무던히도 사랑했던 일본의 야나기 무네요시의 입으로도 확인할 수 있다. 그가 쓴 작은 글의 제목이 '불가사의한 조선 민화'이니 말이다. 자신의 능력으로는 조선 민화의 작품성을 이해하거나 설명하는 것이 가능하지 않아 이런 제목을 단 것 아닌지 모르겠다. 이 글은 이 글이 설명하고 있는 그림과 함께 일독을 권한다.

　여기에서 우리는 윤열수 선생의 이야기를 통해 우리 민화가 그동안 어떻게 대접받아 왔는가를 잠시 보아야 하겠다. 윤 선생이 민화에 대해 관심을 갖기 시작한 것은 조자용 선생이 만든 에밀레 하우스(박물관)라는 곳에 들어가서 민화를 접한 다음의 일이라고 한다. 이 조자용 선생 역시 설명이 많이 필요한 분이지만 여기서는 답사가 다 끝나가니 아주 간략하게만 보기로 하자. 이 분은 한국 민화의 예술성이나 작품성에 처음으로 눈 뜨고 그것을 수집하고 연구한 분이다. 그러니 한국 민화의 종조라고 할 수 있지 않을까?

조자용 선생이 민화에 눈 뜬 1960년대에 한국인들은 민화를 '엿장수 그림'이라고 하면서 조롱만 하고 별 관심을 보이지 않았단다. 선생은 원래 하버드 대학에서 구조공학을 전공한 유학파였다. 그는 건물 설계도 했는데 대표적인 건물로는 미국대사관 사택이나 YMCA 건물을 꼽을 수 있겠다. 그런 그가 우리 민화에 눈을 떠 그 뒤로 민화뿐만 아니라 탈, 기와, 벅수 등과 같은 우리의 민예품에 관심을 갖고 미친 듯이 이런 작품들을 모았다. 그가 이렇게 일찍 민예품에 눈을 뜬 것은 미국에서의 생활과 연구가 영향을 많이 끼친 것 같다. 외국에 살면서 갖게 된 객관적인 눈으로 보니 자기 나라 예술품이 보인 것이다.

그는 이렇게 모은 작품들을 가지고 화곡동에 1970년 전후로 해서 박물관 성격의 에밀레 하우스라는 것을 열었다. 나도 대학 시절에 선배의 권유로 그곳에 간 적이 있는데 40년도 더 된 일이라 무엇을 봤는지 당최 기억이 안 난다.

생전의 조자용 선생의 모습 (가회민화박물관 제공)

그저 잔디밭에서 대화하던 기억만 날 뿐이다. 이 박물관을
만들고 그는 민(民)학회라는 학회를 만들어 매우 왕성한
활동을 보였다. 그러다 1983년 이 박물관을 속리산 정 2품
소나무 옆으로 옮겼는데 나는 그 분이 살아 있을 때에는
가보지 못하고 타계하신 다음에 그곳에 간 적이 있다. 그
때 가보니 집 전체가 황폐해 있었고 소장되어 있었을 작품
들은 어디로 갔는지 찾을 수 없었다. 나는 그 뒤에 그 분의
책인 『우리 문화의 모태를 찾아서』라는 책을 읽어 보았는
데 그 분의 한국 민예에 대한 사랑은 가히 놀라운 것이었
다. 무당에게 미치고 삼신할머니에게 미치고 도깨비에 미
친 분이 그이다. 그래서 그는 말년에 도깨비 할아버지라는

조자용 선생의 작품. 까치호랑이, 지본채색, 98x55.5cm (가회민화박물관 제공)

북촌을 나오며

귀여운 별명으로 불리기도 했다. 지금은 그 분이 벌인 민화운동에 관해서는 책으로도 나왔고 조자룡 전집도 있으니 관심 있는 사람은 그것을 보면 되겠다.

어떻든 윤열수 선생은 이 조자용 선생 밑에서 민화에 눈을 떴고 평생 이 방면에 대해 연구하고 민화를 수집한 한 학자이다. 선생의 말에 따르면 지금은 민화에 관계하는 인구가 15만 명이나 된다고 하니 이제는 한국인들도 민화의 소중함에 많이 눈을 뜬 것 같아 다행이다. 이 작은 집 앞에서 할 말이 이렇게도 많다. 아니 할 말을 거의 못했다고 하는 게 맞는 표현일 것이다. 민화 자체에 대해서는 거의 이야기를 하지 않았으니 말이다. 이 집 앞에서는 우리 모두가 스스로의 예술을 외면하고 있을 때 그것을 지키고 보전한 두 선각자의 이야기를 하는 것만으로 충분히 의미가 있겠다. 지금 이 집에는 색실 문양이나 누비를 다루는 공방이 들어서 있는데 민화박물관이 사라진 서운함이 커 들어가 볼 생각을 하지 못했다.

이제 우리의 답사는 다 끝나 간다. 조금 더 밑으로 오면 천주교 수녀원이 있고 그것을 지나면 동림매듭공방이라는 곳이 나온다. 내가 북촌을 다니던 초기에는 입장료가 없어서 이곳에 올 때면 공방 안으로 들어가 구경을 많이 했다. 나는 이런 여성적인 물품에는 별 관심이 없어 잘 모르지만 문외한인 내가 보아도 그곳에 전시되어 있는 매듭이나 노리개, 허리띠, 주머니 등은 아름답기 짝이 없었다. 입장료를 받은 뒤에는 들어가지 못했는데 북촌이 유명해지면서 사람이 많이 오니까 어쩔 수 없이 입장료를 받게 된 것 아닌가 하는 생각을 해본다.

주변 식당을 둘러보며　이렇게 해서 동 북촌 순례가 끝났다. 끝났다고는 하지만 모든 장소를 다 다룬 것은 아니다. 그러나 이렇게만 보아도 기진맥진해지니 더 진전할 수도 없다. 우리가 당도한 곳은 북촌로 큰 길이다. 이 길을 건너가면 서(西) 북촌인데 심신이 지쳐서 그곳으로 가고 싶어도 진입할 힘이 없다. 바로 길을 건너서 돈미약국 골목길로 올라가면 북촌의 메인스트리트인 북촌한옥길이 나오고 주변에 볼 것들 투성이지만 더 이상 가지 못한다. 여기서 우리는 답사의 묘미 가운데 반 이상이 좋은 식당을 찾아가는 데에 있다는 것을 잊어서는 안된다. 내가 이 동 북촌에 있는 식당들을 일일이 다 다녀본 곳은 아니라 자신 있게 이야기할 수는 없지만 경험했던 식당들에 대해서만 간략하게 언급하고 순례를 끝내야겠다.

　이곳에서 식당을 가려면 일단 헌법재판소까지 내려와야 한다. 내려오다 보면 사거리 지나서 '남원'이라는 식당이 나오는데 이 집은 전라도 음식을 주로 팔았고 원래는 인사동에 있었다. 이 집을 지나 조금 더 내려오면 왼쪽으로 맛집 골목이 있다. 이곳으로 들어가면 재동 맷돌 순두부집이라는 식당이 있는데 이 집도 사람들이 많이 찾는 곳이다. 두부를 직접 만들어서 음식을 만든다고 하니 맛이 좋을 것이다. 나는 이전에 이 집에 몇 번 간 적이 있는데 두부가 괜찮았던 기억이 있다. 그래서 그런지 갈 때 마다 보면 손님이 아주 많았다. 그런데 저녁때에는 두부보다 삼겹살 먹는 사람이 더 많았다. 삼겹살을 먹으려면 전문점을 가지 왜 두부집에서 삼겹살을 먹는지 모르겠다.

이 근처에서 가장 좋은 식당은 아무래도 '깡통만두집'이 아닐까 한다. 이 집의 주 메뉴는 만두전골인데 시쳇말로 '강추'이다. 이 집 음식에 대한 자세한 것은 전화기 두들기면 다 나오니 그것을 참고하기 바라고 지금까지 내가 이 집에 데려간 사람 중에 이 집 음식에 실망한 사람이 하나도 없었다는 것을 밝히고 싶다.

이 근처에는 맛집은 아니지만 마지막으로 소개하고 싶은 집이 있다. 헌법재판소 다 끝난 건너편을 보면 '창덕 치킨호프'라는 아주 작은 생맥주집이 있다. 생맥주집이라 끼니용 음식을 파는 음식점은 아니어서 밥집이 아니라고 한 것이다. 이 집은 동네 주민들이 많이 가는 동네 튀김닭 집으로 역사가 30년은 족히 될 것이다. 이 집에 갈 때마다 보면 동네 주민 가운데 나이가 조금 든 이들이 오는 것을 목격할 수 있는데 이런 집은 무조건 믿을 만하다. 이 말이 나온 김에 이것과 관련해서 식당을 어떻게 고르면 좋을지에 대해 잠깐 알아보자.

이것은 순전히 내 개인적인 경험에서 나온 판단이기 때문에 주관적일 수 있다. 그런 위험을 감내하고 말을 해본다면, 식당을 고를 때에 다음의 두 조건만 맞으면 거의 실수할 염려가 없을 것으로 생각된다. 과연 그 두 조건이라는 것이 무엇일까? 우선 그 지역주민들이 가는 식당이라면 전혀 의심할 것이 없다. 식당 주인이 아무리 간 큰 사람이라도 동네 주민들을 속일 생각은 못하기 때문이다. 매일 보는 사람들을 어떻게 속일 수 있겠는가? 지역 사람들이 인정하면 그 집은 성공한 것이다. 그 다음에 노인들이 가는 집이라면 믿을 수 있다. 식당 안에 노인들이 많이 앉아 먹고 있다면 그 집은 분명 맛집이다. 노인들은 음식을 오래 먹었기 때문에 혀가 아주 까다롭다. 따라서 그들이 인정하는 집이라면 믿을 수 있다. 창덕 호프가 바로 이 두 조건에 부합되기 때문에 좋은 집이라는 것이다.

내가 이 집을 좋아하는 이유 중의 하나는 가게는 작지만 안주가 풍성하게 나오기 때문이다. 안주 나오는 품새가 꼭

창덕 호프

1970~1980년대 호프집을 닮았다. 당시 이런 호프집에 가면 넉넉했다. 넉넉하다는 것은 안주 등이 풍성하게 나왔다는 것이다. 프랜차이즈 같은게 없어서 그때에 호프집에 가면 모두 동네 사람들 상대하듯이 했다. 그리고 이 집의 또 다른 좋은 점은 주인 여성이 친절하다는 것이다. 언제라도 가면 환하게 웃으면서 동네 사람 맞이하듯 한다. 맥주를 시키고 나면 곧 기본 안주가 나온다. 이 집은 이 기본 안주가 훌륭하다. 나는 요즘 호프집 가운데 이런 수준의 기본 안주를 주는 집을 일찍이 보지 못했다. 그래서 앞에 말한 것처럼 이 집이 넉넉하다는 것이다.

이렇게 기본 안주를 먼저 주는 것은 닭이 튀겨져서 나

오려면 시간이 꽤 걸리기 때문이다. 그것을 기다리는 동안 맥주와 같이 먹을 수 있는 안주가 나오는 것인데 주로 멸치와 땅콩 같은 것이 푸짐하게 나온다. 특히 멸치가 좋다. 그래서 그것을 먹으면서 농담 삼아 이것만 있어도 맥주를 얼마든지 마시겠다고 말하곤 했다. 기본 안주가 푸짐하니 닭을 시킬 필요가 없었는데 하면서 아쉬워 하는 것이다. 닭은 많은 사람들이 '양념 반 프라이드 반' 시키는데 나는 그것보다는 전부 프라이드를 시키고 양념을 찍어먹을 수 있게 조금만 달라고 한다. 그렇게 하면 내가 원할 때 양념 닭도 먹을 수 있기 때문이다. 그런데 닭에다가 양념을 찍어 먹어본 적이 거의 없다. 튀긴 닭에 아주 살짝 소금을 쳐서 먹는 것이 제일 맛있기 때문이다.

이곳에서 소위 '치맥'을 먹으면서 나누었던 이야기 중의 하나는 왜 한국의 치맥이 유명하게 됐느냐는 것이다. 물론 드라마 탓도 있겠지만 한국 드라마가 유행하기 이전에도 한국의 튀김 닭을 먹어본 사람은 그 맛에 홀딱 반하곤 했다. 한국인이 이 튀김 닭을 본격적으로 먹기 시작한 것은 불과 몇 십 년밖에 안 되었는데 어쩌다 이렇게 이 식관습이 유행하게 되었을 뿐만 아니라 외국에도 많이 알려지게 되었는지 궁금하다. 이전에는 특별한 경우에만 튀김(양념) 통닭을 먹었는데 지금은 '치킨' 먹는 것이 상식처럼 되어

버렸다(그런데 이렇게 튀긴 닭은 반드시 '치킨'이라는 영어로 부르지 '튀김통닭'이라는 한국어를 쓰지 않는다). 이제는 이 음식이 아주 오랜 역사를 지닌 음식처럼 되어버렸다. 그런 탓에 미국계 튀김통닭 회사인 '켄터키 프라이드 치킨' 집이 장사가 안 된다. 패스트푸드이지만 세계적인 튀김통닭 회사가 한국에서는 기를 못 편 것이다. 한국인들은 자신들이 자기들 입맛에 맞게 닭을 잘 조리했으니 굳이 외국 것을 먹을 필요가 없었을 것이다.

그런 이야기를 하며 음식과 술을 먹고 나면 날은 완전히 어두워진다. 밖으로 나오면 교통도 아주 편하다. 지하철역이 바로 앞에 있으니 말이다. 길 건너면 바로 낙원동이고 익선동이다. 나는 버스를 타려면 안국역 1번 출입구로 가야 하는데 그러려면 길을 건너야 한다. 길을 건너면 서(西)북촌이다. 날은 완전히 저물었으니 이 지역은 당연히 다음을 기약해야 한다. 그런데 앞에서 말한 것처럼 밤에 이 서북촌을 돌아다니는 것도 꽤 좋다. 밤이라 잘 보이지는 않지만 아무도 없기 때문에 한가롭게 보행할 수 있기 때문이다. 한 번 서 북촌 안으로 들어가 볼까 하는 유혹도 생기지만 이미 답사로 지치고 술로 마음이 풀려 단념할 수밖에 없다. 밝은 날을 기약하면서 나는 집으로 가는 버스를 타야 한다.

최준식 교수의 서울문화지

II

동東 북촌 이야기

최준식 교수의
서울문화지 II

동東 북촌
이야기

지은이 | 최준식

펴낸이 | 최병식

펴낸날 | 2018년 7월 2일

펴낸곳 | 주류성출판사

주소 | 서울특별시 서초구 강남대로 435(서초동 1305-5) 주류성빌딩 15층

전화 | 02-3481-1024(대표전화) 팩스 | 02-3482-0656

홈페이지 | www.juluesung.co.kr

값 12,000원

ISBN 978-89-6246-353-8 04980

ISBN 978-89-6246-344-6 04980(세트)